脱「原子力ムラ」と脱「地球温暖化ムラ」

いのちのための思考へ

江澤 誠
ezawa makoto

新評論

脱「原子カムラ」と脱「地球温暖化ムラ」／目次

３　原子力発電と地球温暖化問題の癒着 ……… 123

脱「原子力ムラ」と脱「地球温暖化ムラ」

——いのちのための思考へ

序

二〇一一年は東日本大震災（天災としての地震と津波）が起き、人災として東京電力福島第一原子力発電所事故を起こしてしまった年として歴史に刻まれることとなった。千年余に一度の巨大な地震が起き、死者行方不明者をはじめとする甚大な被害の点からはもちろん、フクシマ原発事故については一年余が経過した今日（二〇一二年七月）でも詳細が明らかにされていないところがあり、現時点では考えられていない分野にまで影響が及んでいく可能性があるという点でも災害史上まれに見る大惨事となった。

歴史に刻まれるということは、単に被害が大きいということではなく、そこに何らかの屈折、断絶、落差、差異等が生じることであるが、今回の大惨事にあたって我々はそれらの変化を受け入れるだけでなく、意識的に時代を変えていく姿勢をとらなければならないだろう。それを避けていたのではこの大惨事を日本にとっての再生の機会にすることはできない。

その意味では、二次エネルギーである電力の約三割をも原子力発電に依存してきた我々には何らかの発言なり行動が求められているわけだが、それは自然を征服することを至上命題としてきた近代の科学的要請に疑問を呈することであり、また多くの人が二〇一一年に「節電の夏」を体験したように日常生活においては「近代への挑戦」を実践することでもあるといえる。この節電の体験は体で考えたということで、非常に重要な意味を持っている。我々は与えられる情報に惑わされることなく、これからも引き続いて「いのち」をどう守っていったらいいのかについて思考し続けなければならない。

ところで、今日環境問題は解決を迫られた重要な問題とされており、なかでも地球温暖化問題は喫緊の問題とされている。また、日本ではヨーロッパを環境面における「先進国」と見る傾向にあるが、それはヨーロッパ諸国が地球温暖化問題において政策を積極的に推進していることの反映といえる。

確かに、地球温暖化の原因とされる二酸化炭素（CO_2）を削減するために炭素税を初めて導入したのは一九九〇年代の北欧やオランダであり、二〇〇五年の京都議定書発効以来、排出枠取引（削減目標を達成するために温室効果ガス排出枠を売買すること）が最も発達しているのはEU諸国である。しかし、地球温暖化問題の「解決策」は炭素税や排出枠取引にのみあるわけではないし、そもそも地球温暖化問題の存在自体にも疑問の声がある。そして環境問題は地球温暖化問題だけでないのも自明のことである。このことだけからしても、諸手を挙げてヨーロッパを環境先進国と見なすことには躊躇せざるを得ない。

我々は欧米が環境を大切にする国々であり、実際自然に恵まれ、環境保全の行き届いている地域と思いがちである。しかし、それは必ずしも事実とはいえない。例えば、イギリスの森林率（国土に占める森林面積）は一割でしかなく、ヨーロッパ全体でも三割前後にすぎない（日本のそれは約七割である）。

同様に動物愛護の精神も、イギリスばかりではなく、ヨーロッパ諸国全体において人々の心のなかに脈々と受け継がれていると考えがちであるが、これについても大いに疑問がある。

歴史上ヨーロッパの人たちが動物をかなり虐待してきたことは文献によっても明らかである。一八世紀イギリス人画家ウィリアム・ホガース（一六九七〜一七六四）の絵画にもあるように、当時のイギリスでは動物を串刺しにしたり、生きたまま焼き殺したり、むごたらしいとしか言いようのない扱いが多く行われていた。現代イギリスの歴史学者キース・トマスの著作には、一七世紀の「高位の貴婦人」が動物虐待をスポーツとして夢中になっていたことなど残虐行為の事例が多数述べられている(1)。

また、イギリスから「新大陸」にやってきた植民者の多くは、動物も植物も先住民も見境なく殺戮して今日のアメリカを作ってきたのである。それらの残虐行為はイギリス人に限らない。新大陸における人口が急速かつ急激に減少したのは物理的な殺戮だけでなく、免疫のない病原菌による疫病死なども多いといわれるが、スペイン人などを含めたヨーロッパ人がアステカ王国、インカ帝国などの先住民を殺戮することに抵抗感がなかったこと、自然の破壊にも容赦がなかったことは確かである。

これらの現象の背景を考える上で参考になるのはヨーロッパの自然観である。ヨーロッパでは自然は攻撃されるもの、征服されるものという認識があったといわれている。そのような自然観の上に、一六世紀における中世からの離陸と近代科学の萌芽、一七世紀における本格的な近代科学の隆盛があり、それが一八世紀以降の産業革命へとつながっていった。そして、それらの延長線上に原子物理学の誕生と発展、下って原子爆弾の開発とヒロシマ・ナガサキの惨劇があったと言っていいだろう。

このように見てくると、ヨーロッパ人が「新大陸」において千万単位ともいわれる先住民を虐殺したことと、アメリカ軍がヒロシマ・ナガサキへの原爆投下によって大量虐殺を行ったことが重なってくるのは、あながち偏向した見方ともいえないのである。

今日世界の環境思想をリードしているのはヨーロッパないしアメリカである。環境保護団体にして海洋生物保護団体「シーシェパード」は日本の調査捕鯨船などに対するテロリズム的攻撃と先鋭的な思想で知られるが、組織の礎をたどっていくと欧米の環境保護思想に行き着く。自然を攻撃し、破壊し、近代文明を築いてきたヨーロッパ人が今日一転して自然保護において先進的であるというのは、一体どういうわけなのであろうか。森林破壊にしろ動物虐待にしろ、自然を征服の対象としてきたそのヨーロッパが、〝自然や動物は人間と同レベルの「権利」を有している〟というかなり先鋭的な主張（ディープ・エコロジーなどの自然中心主義環境思想）の発祥の地であることを思うと、あまりの差異に違和感を持つが、それはどういう背景があってのことなのかという疑問である。

フクシマ原発事故のあと、ドイツ、スイス、イタリアなどのヨーロッパ諸国が「脱原発」に舵を切ったことに対してはさまざまな論評がなされている。当然、脱原発派はその決断を賞賛するが、歴史的に見れば少し違った見方もできよう。ヨーロッパにおいてはこれまで徹底して自然を破壊してきた「懺悔」の表れが今日の環境保護意識であるのと同様、近代科学の究極の負の産物である原爆や原子力発電への「懺悔」が脱原発に表れているという指摘である。それは、北欧諸国に典型的に見られるように、すでに豊かさを達成したヨーロッパ諸国が、それを維持し、個人としても国家としても安穏に暮らしていきたいという幸福願望の表れと見ることもできる。

一方、日本の場合は、自然と共存してきた独自の風土と環境思想があったものの、近代になりヨーロッパの思想や文明を取り入れるなかで環境破壊の問題を引き起こしてきたという点で違いがある。したがって、日本で脱原発を進めるにしても、ドイツ等における動きは参考にはなっても「直輸入」すべきものとはならないのではないかという考えも成り立つ。近年和歌山県太地町の人たちがクジラを虐待死させているとして「地球規模の非難」に晒されているが、それは動物虐待ではなく日本には日本独自の風土が培った自然観、価値観があるとしなければならず、ヨーロッパにおいてホガースが描いた動物虐待とは違った食文化というべきであろう。環境思想の「直輸入」には問題があるのである。

とはいえ、独自の風土と環境思想を持ちながら、日本はヨーロッパ以上に「懺悔」をしなければならなくなった。しかも、原発をふるさとへ呼び込んだことへの「悔恨の情」にも苛まれることになった。「子どもたちを放射能から守る福島ネットワーク」世話人吉野裕之（福島市在住、妻子は県外避難）の次の文章には、フクシマ原発事故の責任は「原子力ムラ」（原子力発電をめぐる利権構造）の甘い蜜を吸っていた者ばかりにあるのではないという「悔恨」「懺悔」の気持ちが表れている。

家族を避難させつつも福島に残り、あるいは福島県外から子どもたちへの支援を続けている人々を動かしているのは、こうした過去への悔恨と、現状を招いてしまった償いの気持ちなのではないだろうか。(2)

＊　＊　＊

自然破壊に手を貸してきた近代科学の究極の産物は原子爆弾＝原爆／核兵器であり原子力発電（所）＝原発／核発電であるが、脱原発志向の国がヨーロッパにおいては複数現れているのに対し、ヒロシマ・ナガサキに加えフクシマ原発事故の惨劇を経験した日本がなお原子力発電に拘泥しているのはどういう理由からなのであろうか。一九七〇年代のオイルショック時の混乱が資源小国ゆえのトラウマとなってエネルギー政策、産業政策に今も影響を与え続けていることは確かであろう。しかし、もっと広く、「近代」の呪縛とでもいうべき視点からその理由を探ることも可能なのである。それは「オリエンタリズム」(あえてステレオタイプ化すれば、近代ヨーロッパ=進歩と文明/オリエント=後進と野蛮)という明治以来のプリズムから見ることである。

日本の科学者、思想家、政治家たちは、欧米に比べて日本の「近代」化が後発だったがゆえに、そして近代諸科学のなかでも物理学が高度の科学とされてきたがゆえに、物理学の応用とその成果である原爆(核兵器)なり原発(核発電)なりの保持はどうしても必要だという強迫観念、国際政治上では最高のステータスだという思い込みを抱き続けてきた。非近代や「オリエント」とはできるだけ遠いところに日本国を位置づけること、すなわち近代化や脱亜入欧こそが、愛国の最も激しい思想表現となって現れてくるわけである。

彼らにとってこのような感性は往々にして屈折し、同じ「オリエント」の範疇とされる中国や朝鮮民主主義人民共和国(北朝鮮)が原爆を保持している状況はなおさら我慢がならず、原発を稼働させることで「日本は核兵器を持つ能力はあるが、持たないだけである」と納得することでいくぶんかの矜持を確保しているという面もある。そのような位相において、日本においての原発は単なる発電設備ではなく、近代国家であることの証し、「オリエント」からの離脱を保証してくれる安定剤の役割を果たしている。原子力発電は単なる発電設備ではない、そのように認識している者が指導層のなかに少なからず存在していること、これが日本における原発問題を複雑化しているゆえんであり、また、なかなか原発から抜け出せずにいる要因の一端である。

もちろん、このような心証面からの解析ばかりでなく、国際政治面からの分析も可能であり、かつ必要なことである。単純化して見れば、原子力発電所を保持しているということは、いつでも核兵器開発ができる点で「核抑止」になっているという政治的・軍事的な対外アピールなのである。

日本は第二次世界大戦後、敗戦国として連合国（実質アメリカ）占領下でのつかの間の「解放」のあと、東西冷戦構造とアメリカの核の傘のもとに置かれ、日米安全保障条約（旧）を結んできた歴史がある。つまり、一九五二年のサンフランシスコ講和条約締結後も真に独立したとは言いがたい日本にとって、取りうる選択肢は限られ、しかもそのいずれもがアメリカの核戦略を東アジアにおいて担うというスキームのなかに位置づけられたのであり、原子力政策もその一つであった。核兵器を持ちたいと考えた首相は岸信介、佐藤栄作、田中角栄、中曽根康弘など少なからぬ政治家に及ぶであろうが、実際アメリカの核戦略に抗ってまで実行する豪胆（かつ狡猾）な政治家はいなかった。最低限、原子力発電所だけは保持して「核兵器願望」を満足させてきたのである（余談ではあるが、佐藤などは核武装を諦めただけで、また「非核三原則」［核を作らず、使わず、持ち込まず」を謳いながらアメリカとの密約によってそれを踏みにじっていたにもかかわらず、ノーベル「平和賞」を授与されるのであるから、同賞のいかがわしさは極まっている）。

フクシマ原発事故を受けてドイツなどが短期間に脱原発宣言をするに至ったのは従前原発可否についての国民的議論が代替エネルギー源の実用化対策と並行してそれなりに熟していたからだといわれており、それはそれで納得のいく説明である（ただしヨーロッパ随一の経済力を背景にリーダーシップを発揮するメルケル・ドイツ首相は相当の策士である。彼女はシュレーダー社会民主党前政権が決めた「脱原発」を政権交代後の二〇一〇年一二月に「原発推進」へと方向転換したばかりなのに、再度一八〇度の方向転換をやってのけた）。しかし、それとは別に、「オリエント」ではない彼らは、「近代科学」に拘泥する意味合いがないという至極単純な理由によって原発を放棄したともいえるのである。

ドイツなど脱原発宣言諸国から見れば、日本がフクシマの惨劇を経験してもなお原発に拘泥するのは一体どうしてなのかと考えるであろうが、それは日本から見れば、彼らがいとも簡単に原発を放棄してしまったのは一体どうしてなのかと考えるのと表裏一体のことである。

つまり、彼らが原発を放棄したことと日本が原発を放棄できないでいることの違いは、「近代」や「オリエンタリズム」というプリズムを通してみれば何ら不思議はないのである。

日本における商業用原子力発電所は一九六六年稼働の茨城県東海村・東海原子力発電所（第一）が最初であり、以後七〇年代に入ると日本全国で運転ラッシュを迎えた。七〇年三月一四日には福井県敦賀市・敦賀原子力発電所（一号機）が翌一五日に開幕する大阪万国博覧会に合わせて稼働を開始し、「近代科学」の成果としての原子力の灯は、万博会場にも輝かしい新時代の到来として迎えられた。「近代科学」の究極の産物は万国博覧会という「劇場」に華々しく登場し、会場には延べ六四〇〇万人もが訪れるというまさに「お祭り」の様相を呈したが、訪れた多くの人々にとっては、原子力発電が原爆の延長線上にあるということの思考も、突き動かされて「お祭り」に参加させられているということの自覚も、存在しなかったであろう。

確かな考えもなく為政者のしつらえた「劇場」に多くの人が参加した例は、残念ながら戦後のヒロシマにもあった。それは、一九五六年の「原子力平和利用博覧会」であり、五八年の「広島復興大博覧会」である。

原爆を開発したアメリカは、一九四九年にソ連が核実験に成功すると、それまでとっていた核の独占政策を転換する。五三年、アメリカのアイゼンハワー大統領は国連総会で「アトムズ・フォー・ピース」(核の平和利用)演説を行い、ソ連への対抗と西側同盟国の囲い込みのために核技術の開放政策を表明した。この後五四年早々には日本に対して被爆地ヒロシマに原子力発電所を建設するよう打診が始まっている(公になったのは五四年末頃からである)。「悪としての原爆」に「善としての原発」を対比させ、原爆投下の汚名をそそごうとしたのであるが、この「広島原発計画」は五四年三月の第五福竜丸被爆事件(ビキニ環礁水爆実験)の影響などで沙汰止みになる。(3)

「ヒロシマに原発を!」の計画が頓挫したあと米日二国の為政者が持ち込んできたのは、原爆と原子力発電は違うということをアピールする博覧会の開催である。この「原子力平和利用博覧会」は一九五五年一一月の東京を皮切りにして、名古屋、京都、大阪、広島、福岡、札幌、仙台などにおいて開催され、五六年五月二七日から六月一七日にかけての広島での入場者数は約一一万人にも上った。

ヒロシマは原爆の惨禍を深く記憶に留めながらも、原子力発電を「未来を照らす輝かしい光」として受け入れたのである。二年後の一九五八年に広島市は「広島復興大博覧会」を開催し、核の「平和利用」に関する同様の展示を行った。原爆は悪、原発は善という刷り込みは、こうして被爆地ヒロシマにおいて成功したが、このような二律背反的な有りようは日本全体を覆い、またいわゆる進歩的知識人をも同様に巻き込んでいった。というよりも、進歩的知識人はその「近代志向性」ゆえにもともと原子力発電との親和性が非常に強かった。日本の反核運動は原子力発電という核を礼賛する運動を抱え込み、非常にねじれた状態のまま二〇一一年のフクシマ原発事故の大惨事にまで立ち至るのである。

話を日本における原発黎明期の一九七〇年の敦賀原発と大阪万博に戻せば、万国博覧会が国家の企画運営する一大イベントであったのと同様、敦賀原発もまた国家の手厚い保護のもとに進められた一大事業であった。東海や敦賀の原子力発電所は日本原子力発電株式会社（原電）の発電所であり、同社は国家資本の電源開発と電力会社九社とで作られた国策会社であった。

東京オリンピックの開かれた一九六四年が高度経済成長を最も疑念無く謳歌した年であるとしたら、大阪万博と敦賀原発の七〇年は表向きは極端な華やかさに包まれてはいたが「近代科学」と高度経済成長に影が差し始めた年であったろうか。もっとも、五〇年代にはすでにイタイイタイ病、水俣病、新潟水俣病、四日市ぜんそくなどの公害病をめぐる住民によるたたかいが国や企業を相手に展開されており、戦後における近代科学のほころびは早くから忍び寄っていたように思う。原発が稼働ラッシュを迎えたのが七〇年代、そして二〇一一年は原発に重大な疑義の生じた年であるが、その四〇年余りの「原発の時代」は日本人の多くが「近代科学」に安住していた歳月であった。

また、この四半世紀においては一九八六年に旧ソ連ウクライナ共和国でチェルノブイリ原発事故が起き、国内外を問わず放射能汚染から子どもたちを守るべく立ち上がった人々、特に女性たちの牽引による反原発運動の歳月もあったが、時代は市場主義ともネオリベラリズム（新自由主義）ともいうべき傾向を強めるなか、これら放射能被害者を切り捨てて顧みなかった。

フクシマ原発事故を経た今、我々は原発エネルギーに裏打ちされた「安逸の四〇年」や目的もわからず「お祭り」に参加する六四〇〇万人の一人であることから離れ、「思考する」一個の人間であらねばならないだろう。それこそがフクシマ原発事故からの再生の道である。

ヒロシマ・ナガサキにおいて凄惨な被爆を体験し、毎年八月六日と九日には原爆死没者慰霊式において全国民が「二度と過ちは繰り返しません」と誓ってきたこととは矛盾するようであるが、やはり我々は総体として原爆や原子力から目をそらしてきたといわねばならない。その目のそらし方の一つが「原爆は悪であるが原発は善である」というドグマであり、そのなかに国民こぞって逃げ込み安逸な近代的生活を謳歌してきたのである。我々は二〇一一年に生きていたということの重大さを胸に刻み思考しながら生きていくべきであろう。

そもそも、環境科学の視点からは「善い核」も「悪い核」もあり得ず、したがって核の「平和利用」などという子どもだましのようなものなど存在しない。原子爆弾を開発したことが諸悪の根源であって、「パンドラの箱を開けてしまった」といった比喩は言葉を弄ぶような類のものにすぎない。毒ガス兵器の使用は国際法違反としながら「核」を野放しにしておいたのは、政治科学の奮闘が及ばなかったことだけではなく、環境科学がまだ誕生していなかか産声を上げたばかりで、環境科学者による環境科学からの検証が及ばなかったということもあろう。しかし、放射性廃棄物をごみとして捉えれば、原子力発電の問題は物理学の範疇にあるばかりでなく環境学の守備範囲でもあることは明らかである。この点で環境科学者の責任には重大なものがあるといわねばならない。

フクシマ原発事故は地震が引き金となったが、我々が原子力発電に依存してならないのは日本が地震大国であるからではない。地震の有無にかかわらず原発はその存在を否定されるべきものであり、その理由はいくつか考えられるが、主要な第一点は核が我々人間の制御能力の範囲を超えているということであり、第二点は高レベル放射性廃棄物が処理不能な究極のごみであるということである。この点、ごみの処理方法が確立されないうちに事業を開始することは環境科学の視点からすればあり得ないことである。民主党政権はベトナムとの間で原発輸出を正式に調印したが（二〇一一年一〇月）、地震が少ない国だからとか、日本の原発プラントであれば耐震性に優れているからといった次元の話ではないのである。原発の「安全神話」が崩壊し、放射性廃棄物処理の解決策が見通せないなかでの原発輸出は輸出先の人たちの棄民化にもつながるものだろう（「棄民」については第4章で詳述）。

「原子力ムラ」のなかにあって我々は深く考えもせず流されるまま安逸な生活を送ってきた。流されるままという点では地球温暖化問題に関しても同様である。地球が温暖化しているという現象はメディアを通して過剰に送られてはくるが、果たして本当に地球は問題とするほどに温暖化しているのであろうか。そして仮に温暖化しているとしてその原因は本当に大気中CO_2の人為的な増加によるもの（CO_2人為的排出原因説）なのかどうか、一人ひとりが思考し確かめた結果として受け入れているとは言いがたい。

地球温暖化政策の一環として排出枠取引（温室効果ガス排出枠の売買）、共同実施（先進国同士で実施する温室効果ガス削減プロジェクト）、クリーン開発メカニズム（＝CDM。先進国と途上国間で実施する温室効果ガス削減プロジェクト）など（以上三つを「京都メカニズム」と称す）が地球規模で行われてはいるが、それらの政策は単に市場主義の「投資」の手段・方法として機能しているのであって、人々の生活や環境に資する政策なのかどうかは大いに疑問とすべきものである。我々は三・一一の衝撃時にそうであったように今一度立ち止まり、「脱」原発の思考の文脈のなかにこの「地球温暖化問題」を落とし込み、地球温暖化の危機を説いてそれらネオリベラリズム政策に狂奔する国や企業に対し、もう一つの「脱」を求めていかなければならない。

まずは地球温暖化問題が真に存在する問題であるのかを問い直す必要がある。そして地球温暖化問題の解決のためには原子力発電が必要であるとしてきたドグマに改めて疑問の目を向け、本当に原発はCO_2を排出しないのか、その基本的なところから確認していく必要がある。原発内の超高温の蒸気を冷却するために取り入れられた海水や河川水は処理後再び海や河川に放出されるが、世界に四〇〇数十基ある原子力発電所から絶えず排出されるそれら温排水が海や河川の水温上昇をもたらし、生態系を破壊していることは自明である。また、

「CO_2」はそれ自体毒性のない気体であるにもかかわらず地球温暖化問題では「悪玉」として扱われているが、無毒なCO_2を削減する一方で究極のごみ（高レベル放射性廃棄物のなかには何十万年も核の「ごみ」として存在し続けるものもある）を出す原発を「クリーンエネルギー」として増やそうという全く矛盾した政策が今も世界各地で国策によって推し進められている。我々は原子力発電の問題と密接に関わる「地球温暖化問題」というもう一つの問題に対しても「思考」をめぐらせ、偽「国策クリーン政策」のくびきから「脱」していかなければならないのである。

＊　　＊　　＊

筆者は二〇一一年三月一一日以降、東日本大震災と東京電力フクシマ第一原発事故に関し、いくつかの記事を書いてきた。それを読んだ新評論の山田洋氏から震災一年後の今年三月に「原発事故の意味するところと我々の進むべき道」について書いて欲しいとの話しがあった。山田氏には地球温暖化問題に関する本を書いた時にお世話になり、自身今回の大震災では被災した故郷の仙台にたびたび帰省しており、また編集者としては震災や原発関係の書籍の出版に奔走してきた。

『中央公論』二〇一二年四月号の「原発本はどう読まれたか」というタイトルの記事によれば、震災の年の四月から一二月までに刊行されたいわゆる原発本と呼ばれる書籍は総計八五八冊にもなるという。一つのジャンルでの書籍としては最高の出版点数であるらしい。本書が刊行される秋口頃にはひょっとすると一五〇〇冊に届く数になっているかもしれない。そうして見ると、あらかた論点は出そろっているであろうから、原発本として括れる本書も既刊書籍に屋上屋を架すだけの内容では刊行の意味は薄れる。しかし、筆者にしか書けないこともあると思い、山田氏の申し出を受けることにした。

本書で取り上げる特徴的な論点を六つほど挙げる。

一つは、フクシマ原発事故の責任を環境問題の視点から追及することの意味についてである。フクシマの大惨事に対しては多方面からの批判が加えられているが、甚大な環境破壊を引き起こしたというのに環境問題としての捉え方が少ないように思われる。環境破壊とは生態学的に空間軸のみならず時間軸の視点でも捉えなければならず、フクシマ原発事故は発電所周辺の大地は言うに及ばず、大気、河川、海洋においても広範囲かつ深刻な環境汚染をもたらし、また水俣の有機水銀、ベトナム、セベソ、ボパールのダイオキシン等、化学物質による汚染と全く同じように、とりわけ子どもたちや未来世代に過酷な健康被害を及ぼす危険性にも留意しなければならない問題である。

このような視点、すなわち「いのちの視点」に立った議論が今日の原発推進論者の間でなおざりにされる傾向にあるのは、国際原子力機関（ＩＡＥＡ）等の科学者・専門家集団による「安全論」が影響しているからである。しかし、環境問題とは人間およびあらゆる生態系の「いのち」を守る民主主義の問題である。そのことをないがしろにしてはならない。

同じく、環境問題からの視点としては原子力発電と地球温暖化問題との親和性（癒着）についても追及しなければならない。原子力発電はCO_2を排出しない――、このようなウソ偽りを平然と述べ推奨してきた多くの科学者・専門家がはっきりとした反省の言もなくいまだ沈黙している。その一方で、気候変化に関して評価・報告する国連後援の政府間機構「気候変動に関する政府間パネル」（ＩＰＣＣ）などの科学者・専門家集団が公表してきた「CO_2の削減を求める科学的な見解」は依然として大きな影響力を持ち、原子力発電推進の国際世論を増長させながら、フクシマ原発事故の解決に直接的、間接的に困難さを加えているのが現状である。

第二の論点は、原子力発電をめぐる利権構造や情報隠蔽体質を示す言葉として知られるようになった「原子力ムラ」についてである。本書では「原子力ムラ」を、「政」「官」「財」のトライアングル（三角形）やそれに「学」や「メディア」を加えたペンタゴン（五角形）、さらには「司法」や原子力産業関連の「労働組合」を含むヘプタゴン（七角形）に限定する見方を排した上で、「原子力ムラ」の住人とは、ありつける甘い蜜の量に多寡はあろうとも究極我々すべてであったこと、また、一国内にとどまらず、関係する国際機関、すなわちIAEAや核拡散防止条約（NPT）体制、世界保健機関（WHO）、国際放射線防護委員会（ICRP）、原爆傷害調査委員会（ABCC）および改組後の放射線影響研究所（RERF）、そしてIPCCなども、国際的な「原子力ムラ」を構成するムラ人であることを明らかにする。「原子力ムラ」の構成員やそのもとにある不透明な利権構造を深く掘り下げ、かつその大本をグローバルに求めて糾弾することで、「原子力ムラ」は必然的に「原子力帝国」としての姿を現すであろう。

第三の論点、それは原発に関して「原子力ムラ」があるように、地球温暖化問題に関してはそれと同様の構造を持つ「地球温暖化ムラ」が存在するという現実である。IPCCに集う科学者・専門家集団が形成する利権や情報隠蔽の構造はその典型である。彼らは気候変化をめぐる不確かな情報を地球規模でまき散らし、京都メカニズムといった市場中心のネオリベラリズム政策に加担しながら、CO_2の市場取引をあたかも「環境政策」であるかの如く喧伝している。「地球温暖化ムラ」は「原子力ムラ」と雁行して増殖し、フクシマ原発事故の一因となったのである。

第四の論点は、脱原発社会のためにはなぜ「脱地球温暖化政策」が必須となるのかについてである。今日原発推進派が拠り所としているのは最後の砦、それが地球温暖化政策なのである。原発推進派は原発を「CO_2を排出しないクリーンエネルギー」としてあくまで死守する構えである。しかし、原子力発電がCO_2を排出しないというのはまやかし以外の何ものでもない。我々はまず、地球が温暖化しておりCO_2の人為的排出にその原因があるというマインドコントロールから「脱」しなければならない。もしもっと早くそのことに気づいていれば、少なくとも一九九〇年代以降のいくつかの原発建設は阻止することができたであろうが、残念ながら原発と地球温暖化問題をめぐるカルト的な状況はむしろ勢いを増し、「原子力ムラ」と「温暖化ムラ」との癒着、増殖を促し、二〇一一年三月一一日の惨劇へとなだれ込んでいったのである。

第五の論点は、戦後の知識人たちによる原発をめぐる発言についてである。作家、思想家たちによる近代科学技術に対する盲信と崇拝。彼らは今では考えられないほどの、無防備な原発礼賛を繰り広げていた。彼らは近代の呪縛ともいえる「科学技術礼賛」のマインドコントロールからなぜ逃れることができなかったのか。それは彼らがまさに、「近代」によって生み出された知識人だったからではないのか。地震多発の日本列島に五〇数基もの原発が建つに至った一因には彼らの影響力も強く作用していた。いまだ「近代」の暗部に蠢いている原発推進勢力と正面から対峙し、脱原発への道を確かなものにしていくためには、我々は勇気をもってこの問題にも向き合わなければならない。

第六の論点は、日本の知識人たちが志向したその「近代」の歩みそのものに関わる。日本の原子力発電計画はサンフランシスコ講和条約発効後アメリカの核の傘のもとで慌ただしく開始されたかのように見える。しかし、その計画は実は、戦時中の日本の陸海軍により進められていた核開発計画の延長線上にあり、戦後すぐの焼け野原のなかから始まっていたのである。その意味では、二〇一一年のフクシマ大惨事は遠く戦前にその萌芽がある。近代科学兵器「原子爆弾」と同じ扱いを受けるべき原子力発電とその事故の本質を問うには、明治以来の日本の富国強兵政策にまで遡らなければならない。それは、日本の近代の歩みを今まで語られてこなかったもう一つの視点で問うことにつながるだろう。

1 〝地球にやさしい〟戦略の始まり

「アトムズ・フォー・ピース」という名の核発電

日本では**nuclear**を「核」と「原子力」とに訳し分け（**nuclear weapon**は核兵器、**nuclear power plant**は原子力発電所）、核兵器は「悪」、原子力発電は「善」という倫理上の使い分けまでしている。フクシマ原発事故においても「原子炉」を「核反応炉」と正確に言い表していれば、その危険度はより身近に感じられたことであろう。このような使い分けは、第二次世界大戦におけるヒロシマ・ナガサキの「核兵器（原子爆弾＝原爆）」と戦後東西冷戦構造のなかで導入された「原子力発電」の呼称に深く関わっており、日本人の被爆者意識を和らげながら原子力発電を導入しようとした企てに沿ったものである。

これによって本来相携えて闘われるべき「反核運動」と「反原発運動」までもが切り裂かれ、原子力発電は反核運動に携わってきた多くの人によって、「未来を切り開く輝かしい灯」

として礼賛されることとなった。言語や倫理上のこのような使い分けは、今日地球にやさしい政策として喧伝される地球温暖化政策が、実は弱肉強食のネオリベラリズム政策そのものであるというところとも符合している。核と地球温暖化問題に関わる偽りの政策に我々の思考は著しく鈍磨させられてきた／いるのである。

マンハッタン計画から核発電へ

アメリカが核実験を成功させるに至った歴史をたどってみると、ナチス・ドイツがアメリカなど連合国よりも先に原爆（核兵器）の開発に成功することを憂慮した科学者たちの姿が浮かび上がってくる。特にアメリカに亡命したユダヤ人科学者（レオ・シラード、アインシュタイン）がルーズベルト大統領に原爆の開発を働きかけたことで、アメリカ政府は一九四二年から膨大な費用と人員を擁してマンハッタン計画に着手、原爆の開発に成功したのである。それは四五年七月一六日、ヒロシマ・ナガサキの惨劇の前一か月に満たない時であるが、すでにドイツは降伏していたにもかかわらずマンハッタン計画は続行され、原爆の投下は当時抵抗不可能に近い状況にあった日本が対象になったのである。アメリカによる二度にわたる原爆投下の真意はどこにあり、果たして必要だったのか、その戦争犯罪性が問われてきたし、これに関わる論争はこれからも続いていくであろう。

第二次世界大戦終結直前からソ連を盟主とする共産主義陣営の台頭によって東西冷戦構造が形成されるが、アメリカの企図した核独占体制はソ連が一九四九年に核実験を成功させたことによって崩壊し、アメリカは核政策の見直しを迫られる。この時アメリカのとった政策が、五三年にアイゼンハワー大統領が国連総会で演説した「アトムズ・フォー・ピース」（核の平和利用）である。すなわち、核関連技術を国外に出さないとしてきたこれまでの方針を転換し、西側同盟国にもこれを解放するというものである。この政策の中心となったのが核発電（原子力発電）の「許可」であり、それに対する「技術援助」であった。

核発電（原子力発電）の兵器性と経済性

こうしてアメリカは西側同盟国に対する核発電（以下、「原子力発電（所）＝原発」という）の技術援助に乗り出し、原子力発電の研究を本格化させていくが、原爆の開発・製造から原子力発電所の稼働まで一貫していたのはあくまでその「兵器性」であって、原子力発電は対ソ連戦略を背景に「軍事的」「政治的」に誕生し、拡大してきた。原子力発電所とそれに付随する産業は原子爆弾という大量殺戮兵器の副産物として誕生、拡大してきたのである。

一九五三年にアメリカが核技術を西側同盟国に解放する方針を打ち出したあと、原子力発電所はイギリスでは五六年、アメリカでは五七年（原子力潜水艦の開発［五四年にノーチラス号が進水・就役］を先行させた結果イギリスより遅れた）、ドイツでは六一年、フランスでは六四年、日本では六六年に稼働させている。アメリカ、イギリス、フランスが核実験後の稼働であったのに対し、ドイツと日本が核実験を行わないなかでの稼働であったのは、前者が戦勝国、後者が敗戦国（前者に占領され、核に関する研究等が禁止されていた）という歴史があるからである。このように核発電の言い換えである原子力発電は、第二次世界大戦末期の原爆の開発から投下までの歴史を引きずっているのである。

もう一つ忘れてならないのは、核兵器や原子力発電の経済性である。今日軍需産業は巨大な産業であり、特にアメリカ、中国、ロシア、イギリス、フランス（以上、国連常任理事国にして核兵器保有国）、そして日本などの軍事費は膨大な額にのぼっている。しかも他の軍需産業が徐々に成長してきたのとは全く異なり、核兵器の開発・製造は一九四〇年代に突如誕生したものである。その後、出自を同じくする原子力発電所が同様に巨大な産業としてこの世に表れ、これに携わる企業がその盛衰に敏感になって「原子力ムラ」を形成していくのは自然の成り行きであった。さらに下って、アメリカ・スリーマイル島や旧ソ連ウクライナ共和国・チェルノブイリの原発事故後に新規原発建設が停滞した時、「国際原子力ムラ」が地球温暖化問題をテコに原発の維持に努めたのも当然のことであった。また、アメリカにおいては原子力発電の稼働より原子力潜水艦の就役が先行したが、これも軍事が重要視され優先された結果であって、為政者などに原爆と原子力産業（原子力発電）との関連が念頭になかったとか、それを疎かにしていたということではないのである。

アメリカの戦略に乗った日本は原子力発電の導入政策を押し進め、一九五四年には早くも原子力関係予算を計上することになるが、これに深く関わったのが正力松太郎（読売新聞、日本テレビ社主）と中曽根康弘である（四八頁参照）。日本に原発が導入され始めた頃は、戦後の復興期で電力供給が逼迫していた。そのようなかで日本は**nuclear**を核と原子力とに訳し分けることによってヒロシマ・ナガサキの被爆体験からくる核への抵抗感を和らげることに成功し、六六年の茨城県東海村・東海原子力発電所の稼働を皮切りに、七〇年代の原発ラッシュへと向かっていくのである。

反核運動の分裂と反原発運動

世界で初めてヒロシマ・ナガサキで被爆の洗礼を受けた日本は、焦土と化した大地の上で「敗北を抱きしめて」戦後を歩み始めた。日本はアメリカの占領下で東アジアにおける西側陣営の橋頭堡の役割を担うようになり、一九四九年一〇月の中華人民共和国（中国）の成立、五〇年六月の朝鮮戦争の勃発、五二年四月のサンフランシスコ講和条約発効などを経て不完全ながら独立を回復した。

核兵器を二度と使用させてはならないという平和への希求は、平和運動や反核運動となって表れるが、東西冷戦構造という大きな枠組のなかで一九四九年にはソ連が核実験を行い、アメリカのトルーマン大統領は朝鮮戦争での原爆の使用を示唆し、五二年にはイギリスが核実験を行った。

そんななか、一九五四年にアメリカが太平洋ビキニ環礁で水爆実験を行い、アメリカの設定した立ち入り禁止区域の外側で操業していたマグロ漁船第五福竜丸が被爆する事件が起き、無線長の久保山愛吉が半年後に死亡した。ヒロシマ・ナガサキの惨禍に続いて第三の被爆死が大きな影響を与えたことから、日本での反核運動の本格的な始まりを五四年の第五福竜丸ビキニ環礁被爆事件からであるとする人は多い。長年反核・平和運動に取り組んだ森滝市郎（一九〇一～九四）は次のように書いている。

私たちの反核運動は、広島、長崎の原爆惨禍の体験とビキニ水爆実験被災の体験から起った。ノーモアヒロシマ・ナガサキの叫びは全世界共通の叫びとなり、「原水爆の被害は私を持って最後としてほしい」という久保山愛吉さんの悲痛な遺言は、全人類への警告を意味した。(4)

本格的な反核・平和運動の始まりが敗戦後一〇年近く経過した一九五四年であったのは、サンフランシスコ講和条約が発効して日本が不完全ながらも独立を回復したのが五二年だったからに他ならない。それまで人々は十分な意思表示のできる状況ではなかったし、敗戦直後の四五年九月二一日より連合国軍最高司令官総司令部（ＧＨＱ）によってプレスコード（報道遵則・検閲制度）がしかれていたので、戦時中に何が起きていたのか、その基本的な情報さえ不足していた。当然、プレスコードのなかには高度な機密事項であるヒロシマ・ナガサキの被爆のことも含まれ、国民に被害状況が正しく伝わることはなかった。それどころかGHQの見解は「原爆による死者はいたが、治療を必要としている者はいない」というものであり、被爆後の凄惨な状況が海外に伝わることもほとんどなかった。情報の遮断状態だった戦後七年ほどの間、国内外では途轍もなく大きな出来事が連日出来していたわけだが、多くの日本人は食糧難にあえぎ、毎日の生活に追われていたと言ってもいい状況だったのである。

そもそも原爆がどういうものであり、放射性物質にはどのような危険性があるのかもごく一部の科学者・専門家を除いては知られていなかった。もっとも、これについては、原爆を炸裂させ多くの人を虐殺したアメリカ政府自身でさえ十分に把握していたとは言いがたい。それは、放射能の危険性を知ってか知らずか、あるいは意図的な人体実験に駆り出されたか、原爆実験の際にキノコ雲に向かって突撃訓練を命じられている「アトミックソルジャー」（核実験に動員され被爆した兵士）の写真を見れば明らかであろう。また、放射性物質が人体に与える影響は物理学的には把握されていても、臨床的に将来どのような事態が起こるかは人類史上当然未知の世界であった。それを調査する目的で、一九四七年にアメリカはヒロシマとナガサキに原爆傷害調査委員会（ＡＢＣＣ）を設置し、放射性物質による低線量被曝や遺伝に関する調査を開始することになるが、その実態については隠蔽され、先のGHQの見解の通りひたすら「安全神話」を広めることのみに終始した（「原爆傷害調査委員会（ABCC）に見る「国際原子力ムラ」の原型」一一〇頁参照）。

一方、第五福竜丸の被爆事件を受けて一九五五年八月六日にはヒロシマで第一回原水爆禁止世界大会が開かれ、同年九月には反核・平和運動が大きく一つになって「原水爆禁止日本協議会」（原水協）が発足する。そして反核運動が大きな広がりを見せていくなかで、翌五六年には被爆者の全国組織である日本原水爆被害者団体協議会（日本被団協）が誕生した。

しかし、第二次世界大戦後の世界は、ソ連を盟主とする共産国の台頭で戦勝国側が東西両陣営に分かれ、両者の対立が深まるにつれて反核・平和運動も混迷した。ソ連の核実験をアメリカ帝国主義に対抗する「良い核実験」と位置づける考え方が生まれ、反核・平和運動は内部分裂の様相を呈していった。一九六五年には「すべての国の核実験」に反対する「原水爆禁止日本国民会議」（原水禁）が発足、原水協は分裂してしまうのである。

このように、日本の反核・平和運動は東西冷戦構造や核保有国によるたび重なる原水爆実験など厳しい世界情勢の影響に晒され、世界で最初の被爆国（最初の被爆者はマンハッタン計画従事労働者）でありながら、世界の反核運動を十分にリードしてきたとはいえず、幾重もの誤謬を重ねて今日に至っている。

誤謬の第一は、日本の反核・平和運動にはヒロシマ・ナガサキへの原爆投下を糾弾する反核と、引きも切らずに行われる原水爆実験を阻止する反核との二重のたたかいが期待されていたがそれに十分応えることができなかったこと、第二は、運動が政争の場となり「ソ連の核実験は正しいか否か」といった些末な問題で分裂してしまったこと（共産党系の「原水協」がソ連や中国を含むすべての核実験に反対を表明するのは七三年である）、そして第三は、原子力発電を含む反核運動が求められてしかるべきであったが「反核」と「反原発」を切り離してしまったことである（反原発の立場を明言して核の「平和利用」に反対したのは、一九七六年の原水禁大会における森瀧市郎の演説が最初である）。

ヒロシマに原発を！

原子爆弾によって壊滅したヒロシマの地に、戦後まもなく原子力発電所を建設しようという計画があった。核による夥しい犠牲者を出したヒロシマでそのような計画があったこと自体が汚点であり、その歴史に触れることはタブーの領域に近いかもしれない。しかし、歴史には居ずまいを正して向き合わなくてはならない。

東西両陣営が対峙するなか、日本の反核運動の激化を憂慮して同盟国日本に与えた原爆の悲惨さを和らげる目的で計画されたのが、アメリカによるヒロシマ原発建設計画である。この計画はアメリカの政治家やマンハッタン計画に携わった科学者などによって示され、アメリカ中央情報局（ＣＩＡ）も関わっていたとされるが、当時の浜井信三広島市長は条件付きで賛同した。一九五四～五五年頃に企てられたこの原発建設計画は結局中止されたが、頓挫したあとには「原子力平和利用博覧会」（五六年）や「広島復興大博覧会」（五八年）が相次いでヒロシマで開催され、原爆の惨禍からわずか一〇年後には「原子爆弾は核の悪用であり原子力発電は核の「平和利用」である」という為政者の策謀に多くの市民が取り込まれていくのである。

今日において脱原発を主張する人のなかにもかつては原発礼賛の立場をとっていた者は多いが、その「転向」における心の襞をさらけ出す者は少ない。先に引用した森瀧はその数少ない表明者の一人であり、迷える反核の精神を日記に直裁に綴っている。

核絶対否定への歩み

いまの私は、いつ、どこでも「核絶対否定」をためらいもなく口にする。しかし、かつては核の「平和利用」にバラ色の未来を望んだ。私の反核の意識が、どんな軌跡をたどっていまのようになってきたか。日記などをたどってふりかえってみたい。

原発の贈り物

私が広島で原発の問題にもろにぶつかったのは、一九五五年（昭和三十年）の一月末であった。一月二十八日（金）の日記に「……夜、原水禁広島協議会常任委員会。……イエーツ米国下院議員が広島に原子力発電所を建設すべしとの提案をなした、との報道が今朝の新聞・ラジオで行われたのでこれに関して熱心な討議。［中略］」。

平和利用博

翌一九五六年（昭和三十一年）には「広島原子力平和利用博覧会」（五月二十七日―六月十七日）が開催されて、私たちは、またしても「平和利用」問題にぶつかった。アメリカが全世界に繰りひろげていた原子力平和利用博覧会は、すでに開催地二十六ヵ国におよび、観覧者は一千万人を突破していた。日本では東京、名古屋、京都、大阪の会場で百万人近い観覧者をのみこんでいた。それがいよいよ広島に来るというのである。

被爆者の小さな反発のつぶやきでなんともなるものではなかった。しかし原爆資料館の陳列品を撤去して、そこを会場として使用するということに対しては反発せざるを得なかった。(5)

原子力発電所の建設計画や二つの博覧会の開催を最も汚点として感じているのは、恐らくヒロシマ自体であろう。原爆の惨禍を核の「平和利用」をもって和らげようとした為政者の策謀にヒロシマは取り込まれてしまったが、フクシマ原発事故が起きてからのち、原子爆弾と原子力発電は実は同じ核であったということを改めて認識せざるを得ない状況に至り、ヒロシマはいま悔恨の情ともいうべきものに囚われるのではなかろうか。

しかし、ヒロシマを責めることはできない。ヒロシマは一瞬にしてすべてを失った都市である。生き残ったとしても、失ったものが余りに大きかった。思想家矢部史郎は『原子力都市』のなかで書いている。

分裂は、原爆投下の二年後、四七年八月六日におこなわれた「平和祭」であらわになる。この日、祭りの実行主体である平和祭協会が主催した五〇の行事と、祭りにあわせ民間が開催した多数の行事が、祭りを盛り上げた。御輿、山車、仮装行列などが登場し、原爆ドームを決勝点としたボートレースが行われるなど街はおおいに賑わったという。祭りの雰囲気を伝える唄を記しておこう。

ピカッと光った原子の玉に～ヨイヤサ
飛んであがった平和の鳩よ
――新天地平和音頭

祭りの後、平和祭協会には抗議が殺到する。「なんのためのお祭り騒ぎ」「厳粛な祭典はひとつもなかった」と。この日の平和祭では、お祭り騒ぎを楽しんだ人々と、お祭り騒ぎに眉をひそめ抗議する人々がいた。それだけではない。恐らく多くの被爆者は、お祭り騒ぎに心を弾ませつつ、同時に、祭りを楽しんだ自分に深い衝撃を受けたのだ。原爆を忘れようと馬鹿騒ぎをしつつ、原爆を忘れようとした自分を責める。(6)

そして、この悔恨の情はひとりヒロシマだけのものではない。日本人すべてが今日まで核発電を原子力発電と言い換え、あるいは言い換えさせられて、列島全体に五〇数基もの原子力発電所の建設を許し、挙げ句の果てにフクシマの大惨事を引き起こしてしまったのである。「ヒロシマに原発を！」という策謀を許した悔恨の情は我々すべてが共有すべきものである。

原子力平和利用博覧会

「ヒロシマに原発を！」の計画は核の「平和利用」をヒロシマにそして日本に知らしめる巧緻なアイディアであったが、第五福竜丸被爆事件後の反核運動の盛り上がりのなかで、ヒロシマの被爆者の心を逆なでしかねないとして取りやめになった。頓挫したのちに為政者が持ち込んできたのが、原爆と原子力発電とは違うということを人々に思い込ませようとした「原子力平和利用博覧会」の開催であった。(7)

しかし、この博覧会構想はヒロシマだけを対象にしたものではなかった。先の森瀧の日記にもあるように、核の「平和利用」（産業としての原子力発電の普及も目的）を唱道するアメリカがヨーロッパ、南米、アジアにおいても開催を後押しし、日本における「原子力平和利用博覧会」は一九五五年一一月の東京を皮切りに、名古屋、京都、大阪、広島、福岡、札幌、仙台、水戸、岡山、高岡などにおいて開催され、入場者数は延べ三〇〇万人を超えたといわれている。どの都市での開催においても正力松太郎が社主を務める読売新聞や日本テレビを通して核の「平和利用」が大いに強調され、中曽根康弘も原子力発電の必要性を説いて深く関わった。この博覧会には朝日新聞社も部分的に参加し、各開催都市では地元新聞社も共催者となった。「メディア」を最大限活用し「安全神話」をふりまく斬新な方法は戦後一〇年にして早くも成功を収め、今日の「原子力ムラ」のメディア部門ともいうべき原型を形づくっていた。

ヒロシマでは広島県、広島市、広島大学、広島アメリカ文化センター、中国新聞社が共催者となり、広島平和記念資料館と平和記念館を会場にして五六年五月二七日から六月一七日にかけて開催された。入場者数は約一一万人に上った（当時の広島市の人口は約三九万人）。日比谷公園を会場とした東京ではアメリカ広報庁と読売新聞社が共催し、入場者数は約三六万人であったが、この数字は読売新聞社の統計であり、別途ＣＩＡも統計を取っていたところにアメリカがこの博覧会を重要視していたことが見てとれる。しかも、ＣＩＡによる入場者数の調査では社会階層別の統計も取られ、学生四五％、ホワイトカラー三三％、労働者六％、専門職、経営者、その他一一％ということであった。(8)

アメリカの平和的な核戦略にとってはどの国での開催も重要であったが、西側陣営の東アジアの橋頭堡、被爆国・日本での開催は最重要視された。とりわけヒロシマでの開催は極めて大きな意味を持つものであった。米日両政府は被爆の惨禍を忘れさせ、原子力発電が「平和」なものであることを強調するためにさまざまな工夫を凝らし、注意も払ったが、象徴的だったのは開催期間中、原爆に関する資料をすべて館外（中央公民館）に運び出し、人々の目に触れさせないようにしたことである。

原子爆弾の投下による大量殺戮は「平和博覧会」とは相容れないものであった。両政府は原爆の資料を運び去ることで、原爆と原子力発電が同じ核であるという事実から人々の意識を遠ざけようとしたのである。ヒロシマやナガサキは、そして日本は、原爆の惨禍を決して忘れないと絶えず表明してはいるが、一方では早く忘れたいという気持ちのあることも見逃してはならない。少なくとも、苦難の戦争を想起させる原爆よりも平和を象徴するものとしての原子力発電のほうをヒロシマは選択し、原爆関係資料は撤去されたのである。

こうして為政者は、原子爆弾と原子力発電とは別物であり、原子力発電は核の「平和利用」であるという刷り込みに成功した。原爆の惨禍のわずか一一年後にアメリカの核戦略に沿った「原子力平和利用博覧会」が企図され、全国主要都市を巡回して核の「平和利用」を多くの市民に印象づけていったことは、その後の日本における野放図な原子力発電の拡大とその結果としてのフクシマ原発事故の遠因になった。

広島復興大博覧会

「原子力平和利用博覧会」の成功によって、為政者はさらに「次」を計画した。それが、同博覧会二年後の五八年四月から開催された「広島復興大博覧会」である。これは、広島市主催のかたちとなった。

平和公園、平和大通り、広島城の三か所にテレビ電波館、交通科学館、子どもの国、宇宙探検館、原子力科学館など合計三一の展示館を設置し、原子力科学館には「原子力平和利用博覧会」の際に寄贈された展示物が再び展示された。主要施設を紹介した当時の概説には、原子力科学館に関して次のような説明が付けられている。

「原子」「放射能」「アイソトープ」等原子科学の基礎知識を平易に解説し、人口四十万の雄都広島市を一瞬にして廃墟と化した原子力の驚異的破壊力を実在の資料によって示すとともに、その平和利用の姿を世界各地から集めた貴重な資料により、産業、農業、医学などの各分野にいかに応用され人類文化の発展に寄与しているかを示す。(9)

「原子力平和利用博覧会」の時は原爆に関する資料はすべて館外に運び出されたが、ヒロシマ市民が核の「平和利用」に理解を示したという自信がすでに為政者にあったと見え、「広島復興大博覧会」では原爆に関する資料と原子力に関する資料を併設展示して、大胆にも核は使い方によっては人々の為になるということを強調している。戦後経済の順調な復興状況や、「原子力平和利用博覧会」から二年を経過したこと等を考慮し、核の「平和利用」をよりアピールするような演出に変えたのである。

ナガサキの敗北

毎年八月六日と九日にはヒロシマ・ナガサキで平和記念（祈念）式典が営まれ、テレビなどの映像を通してその模様が全国に伝えられる。ヒロシマの場合は必ずと言っていいほど「原爆ドーム」を背景とした映像が映し出され、米日戦争末期の原子爆弾投下を振り返ることから入っていく。慌ただしい日常生活のなかにあっても、我々はあの「原爆ドーム」を見れば、何が起こったか、そして何をなすべきかを想起しうる。それだけの訴求力をあの「原爆ドーム」は持っている。

ナガサキからの映像はどうであろうか。恐らく、平和公園の平和祈念像が映し出されるであろう。それは、まさしく今日の平和を象徴しているが、何がナガサキの街に起こったのかの訴求力には弱いものがある。では、ナガサキにはヒロシマの原爆ドームに匹敵するような象徴的な遺物なり遺跡はなかったのだろうか。

実は、原爆ドームに匹敵するような遺跡はあったが取り壊してしまったのである。それが旧浦上天主堂である。爆心地の近くにあったこのカトリック教会は原爆によって破壊され、ちょうど原爆ドームのように遺壁だけを残して戦後も立っていた。そして、原爆ドームと同じように保存され原爆の惨禍を後世に伝える役割を担うことが期待されていた。

ところが、ヒロシマに原子力発電所を作る計画が浮上し（一九五四年）、原子力平和利用博覧会（五五〜五六年）や広島復興大博覧会（五八年）が開催されたのと同時期に、旧浦上天主堂は「保存」から「解体撤去」へと急展開してしまう。[10] 一九五五年に長崎市に対してアメリカ・セントポール市から姉妹都市の申し出があり（日本における姉妹都市第一号は両市である）、翌五六年に田川務市長は招待されて訪米しているが、八月二二日に出発し九月二五日に帰国すると（財政難で外貨持ち出し制限のあった当時としては異例の長期滞在である）、それまで表明していた旧浦上天主堂「保存」の意志を撤回してしまうのである。

同じく、浦上天主堂の山口愛次郎司教は一九五五年五月から翌年二月までの一〇か月間訪米し、浦上天主堂再建（保存ではない）に要する寄付金に当たりをつけて帰国している。国内でもかなり高額の寄付金が寄せられて、結局旧浦上天主堂は「原爆資料保存委員会」や議会、市民の反対を退けて解体され、遺壁の一部だけが平和公園に移設されることになるのである。しかし、移設された遺壁の一部だけではヒロシマの原爆ドームの訴求力にははるか及ばず、今に続く八月九日の原爆死没者慰霊式典の際にも、背景のメインになるのは平和祈念像である。

被爆当時原爆ドームが広島県産業奨励館として使われていたのに比して、旧浦上天主堂は祈りを捧げるための神聖なる教会である。これが保存された際に与える宗教的重みを考えれば、無惨にも破壊された教会を決して後世に残してはならないと思う者は確かにいた。「ファットマン」と命名されたプルトニウム原子爆弾で吹き飛ばされたマリア像の顔は黒く焦げ、イエス・キリストの使徒たちの首は砕け四散し、東洋一といわれたカトリック教会の残骸が廃墟として未来永劫ナガサキにあり続けることは万難を排しても避けねばならない。その声に促されて旧浦上天主堂の廃墟は取り壊され（五八年）、「平和な時代にふさわしい」新しい教会へと建て替えられることになったのである。

ヒロシマにおいての「原発建設計画」「原子力平和利用博覧会」「広島復興大博覧会」によって反核運動と反原発運動が切り裂かれたのと同様に、ナガサキにおいては「旧浦上天主堂解体事件」によって、反核を後世に伝えようとする意志はいたく傷つけられたのである。

原爆の惨禍を忘却させるに至ったいくつかの要因

こうしてヒロシマ・ナガサキの被爆地を含め日本は原爆の惨禍を半ば忘却させられ、平和を標榜するアメリカの核戦略に取り込まれてしまった。そして、時を経て二〇一一年三月一一日のフクシマ人惨事に至るのであるが、これら日本人の反核の牙を抜く役割は、アメリカと日本の為政者が「合同で」演じてきたことを忘れてはならない。また、「原子力ムラ」は日本国内に留まらず「国際原子力ムラ」としてグローバルに捉えなければならない問題であるが、すでに原爆投下の一〇年後には目に見える形で国際的な「ムラ形成」も行われていた

(第2章で詳述)。

原爆の惨禍を忘れさせることの策謀に乗ってしまった要因は複合的に見なければならない。それらには被爆の悲惨な体験を忘れたいという被爆者や日本人の心理が働いていたこと、原子力発電が原子爆弾とは異なり近代科学としての「善の核」であるという刷り込みが行われていたこと、特に「近代」に魅せられた知識人の大いなる誤謬がこれに加担していたこと(荒正人は一九四六年、野間宏と小田切秀雄は五四年、大江健三郎は六八年に原発礼賛の評論や講演を行っている(第4章で詳述))を見落としてはならない。また、原子力発電は原爆開発に伴って生じた巨大産業であり、利に聡い者はアメリカ人であれ日本人であれその導入に執心したこと、とりわけ日本の戦後初期におけるその典型が正力や中曽根の誘導のもとに行われたことも特記しておかなければならない。

しかしながら、これらの出来事は敗戦一〇年後に目に見えるかたちで表れてきたものだが、我々が米日の為政者に言いくるめられるなどして反核の意志を喪失し始めたのは果たして戦後一〇年を経てのことなのかどうかは疑わしい。例えば、敗戦日翌日八月一六日付けの朝日新聞に核の「平和利用」の記事がすでに掲載されていた事実を考えると、日本における戦中の原子爆弾の開発・研究は八月一五日の前後で断絶することなく戦後も続き、日本は自らの国家意思で原子力発電を呼び込んだのではないのかとの疑念も湧いてくるのであるが、これについては第4章で論じることとする。

国際原子力機関（ＩＡＥＡ）と日本人

アメリカの企図した「核の平和利用」とは西側としての軍事戦略（それはソ連の核実験成功により核の独占体制が崩れたなかで、東西両陣営の核の均衡を背景に推進された）であり、また自国にとってのグローバルな経済戦略（軍需産業とともに今後大きな産業になりうる原子力発電を国益の柱に位置づけようとした）でもあった。そのために必須となった核管理を主目的に、一九五七年に創設されたのが国際原子力機関（ＩＡＥＡ）である。

我々が近年ＩＡＥＡについて見聞きする機会が増えたのは、北朝鮮やイランなどをめぐる核査察の問題が浮上したからであり、なかでも北朝鮮は歴史的、地政学的に、そして「拉致」の問題に絡んで関心が高い国だからである。それゆえＩＡＥＡに関して日本人が抱いている印象は多くの場合北朝鮮と連動している。メディアが描くＩＡＥＡはその多くが北朝鮮に対する「査察」に関わり、「危険な核開発の企てを阻止するために現地に赴き、悪事を暴いて世界に知らしめる国際機関」といったストーリーである。時には、この悪事の首謀者はイランであったりする（アメリカが仕掛けたイラク戦争前、フセイン統治下のイラクもそうであった）。

しかし、ＩＡＥＡの活動や任務が北朝鮮、イラン、イラク等、問題のある国だけを対象にしているわけではもちろんない。査察は原子力発電などの核施設を持つ国に対しても平時において恒常的になされている。なかでも査察官が最も多く常駐し、したがって査察が最も頻繁に行われている国、それが日本であることはほとんど知られていない。

ＩＡＥＡは原子力発電の推進機関である。しかし、より重要な任務は「核の管理」にある。その対象はＩＡＥＡを牛耳るアメリカの同盟国日本も例外ではない。ＩＡＥＡ発足時においては、かつて連合国を相手に戦った日本とドイツの核武装を阻止すること（あるいはＩＡＥＡのメンバー国である両国に自ら核管理をさせること）がＩＡＥＡの最重要の任務の一つであり、その点ではアメリカとソ連（ロシア）、その他の戦勝国の思惑は一致していたのである。

フクシマ原発事故の一週間後、天野之弥ＩＡＥＡ事務局長一行が来日し、五月二四日からは調査団が派遣された。メディアの大々的な報道に接し、多くの日本人は日本が査察や調査の対象として北朝鮮などと同じレベルの扱いを受けたことに一種の割り切れなさを感じたかもしれない。しかし、それはＩＡＥＡを実働機関とする国際的な「核の管理」の実態を理解していないからである。ましてや、ＩＡＥＡの事務局長が日本人であるということで何らかの好意的な対応を期待していたとしたら、それは甘い考えといわざるを得ない。実際、福島第一原発の過酷事故が内包する無差別の殺戮性を考えれば、「他国を攻撃しようとする北朝鮮」と同一視されても致し方のない状況であった。核事故により大量の放射性物質を放出、拡散してしまったことは重大な「悪事」なのである。

原子力発電所第一号

日本において原子力発電所の稼働が本格化したのは一九七〇年代以降であるが、その第一号は東海原子力発電所（第二）の一九六六年であり、着工は六〇年であった。世界初の原子力発電所の稼働がソ連における五四年、西側初の稼働がイギリスの五六年であったことからすれば、それほどの差がないうちに「追いついた」ことになる。しかも、日本は第二次世界大戦における敗戦国である。敗戦直後より原子力に関する研究等が連合国から禁止され、サンフランシスコ講和条約により主権を回復したのが五二年であった経緯からすれば、「めざましいほど早く」原子力発電を電力として取り入れたことになる。

東海原子力発電所の着工までには、アイゼンハワー大統領の「アトムズ・フォー・ピース」（核の平和利用）の国連演説（一九五三年一二月）、日本初の原子力予算の成立（五四年三月）、原子力基本法の成立（五五年一二月）、原子力委員会の発足（五六年一月）といった具合に、重要課題が毎年着々と推し進められている。

その間、為政者たちは、第五福竜丸の被爆事件で盛り上がりを見せた「反核運動」の陰で、それが「反原発運動」へと結びつかぬよう周到な対策を練り上げることとなった。ヒロシマ・ナガサキの被爆者追悼に努め、反核の力を分散させ、ヒロシマにおいては二度の博覧会を成功させて原発に対する反対運動を押さえ込んだ。また、朝鮮戦争の特需によって経済復興に努め、人々の関心を「生活向上」に向けさせ、「反原発」の芽を摘むことに腐心した。

原子力発電に反対していたのは立地市町村に暮らしている人たちであった（「原発時代の想像力」一七五頁参照）。為政者にとって、「近代」の産物である原子力発電所から遠い大都市で「知的生産」に勤しむいわゆる知識人たちが反対に回るかもしれないという懸念はなかった。知識人は近代科学の信奉者である。近代科学の究極の産物として原発が位置づけられている以上、これに反対することは知識人の肩書きを放棄するということに等しい。そのことを為政者は知っていた。

核拡散防止条約（NPT）の採択と発効

東西冷戦時代にはキューバ危機（一九六二年一〇月）など幾たびか核戦争の危機があり、核戦争回避と核軍縮への動きが始まった。まず一九六三年八月に大気中の核実験を禁止する「部分的核実験禁止条約」が米ソ英三か国の間で締結され、六八年には仏中二か国も加わった「核拡散防止条約」（NPT）が六二か国によって調印された。NPTの発効は七〇年である。同条約はすでに核を保有している五大国を核保有国と規定した上で非保有国への拡散を防止するという内容を持つ。五大国にとって「有利」な内容の、典型的な不平等条約である。今日それでも世界のほとんどの国が加盟し（二〇一二年七月現在、一九〇か国）、非加盟国が少ないのは、五大核保有国からの締め付けが強いからである。

本条約では原子力の軍事技術への転用を防ぐために非保有国にはIAEAの査察を受ける義務を課している。非加盟の少数国とはインド、パキスタン、イスラエルなどであり（核敷居国と言う）、本条約が五大国の核の既得権を保証していることに異議を申し立て、自ら核保有を宣言するかまたはそれを目指している国々である（北朝鮮は一九九三年に脱退を宣言するも後に保留を表明、二〇〇三年には即時脱退を再度表明）。

条約既加盟国と未加盟国に対する国際社会の対応は当然異なってくる。加盟国であった北朝鮮の核実験（二〇〇六年）に対しては極悪非道の行為であるとして今も非難が集中している。一方、非加盟国であるインドの核実験（一九七四年）に対しては経済制裁を行うかどうかで見解が分かれ、ようやく経済制裁に踏み切っても徐々に解除されて、事実上の容認状態となっている。「波風を立てないような対応に終始した」と言っても過言ではない。同じく非加盟国であるパキスタンの核実験（九八年）に対しては隣国インドへの対抗上「仕方ない」というような見方すら出ているのが現実である。

もう一つの非加盟国イスラエルが事実上の核保有国であるとする見方は国際社会の常識である。にもかかわらず何ら有効な対応ができていないのは、やはり非加盟国ゆえのことである。一方、イスラエルが核攻撃の対象にしているといわれるイランは、加盟国であるからIAEAの査察を受けている。しかしその査察自体が的確なものか、それとも抜け穴を見逃しているのかが常に問題になっている。そもそも五大核保有国は核兵器全廃義務を自らに課していながら具体的な努力をしているとはとてもいえない。それでいながら、イランや北朝鮮の核疑惑に対しては異常に反応する。

このように各国間で支離滅裂な行動が絶えず起こっているのは、問題になっているのが「核」だからに他ならない。核は世界を、人類を滅ぼす究極の兵器であるが、冷戦以降の国際社会は核の微妙な均衡の上に置かれており、その均衡を少しでも揺るがすような行動には神経質になる。五大国が核兵器を所有してしまったこと自体が諸悪の根源であるというのに、その諸悪の根源を北朝鮮やイランに押しつけ、問題を糊塗してうわべだけの「平和」希求を装っている。五大国には現に保持している自らの核兵器を全廃するための、最大限の行動が求められている。

核拡散防止条約の破綻

世界の為政者のなかから、不平等条約であるNPT体制に反旗を翻し「平等」を求める者が出てくるのは必然である。一九七四年五月一八日にインドは核実験を強行し、核保有国の仲間に入った。核実験が成功した時に用いた合い言葉として有名になったのが「ほほえむ仏陀」である。

米・ソ（ロ）・英・仏・中五大核保有国のそれぞれにおいて最初の核実験が行われたのは、順に一九四五、四九、五二、六〇、六四年であり、この五大国以外には核を保有させないという「よこしまな」考えでNPT体制はスタートしたが（一九六八年調印、七〇年発効）、インドの核実験によってわずか四年で破綻することとなった。非加盟国インドの核実験は条約への加盟、非加盟を問わず、各国に大きな意味を与えるものとなった。すなわち、NPT体制の隙間をくぐってどの国でも核保有国になれる可能性を示したのである。現に、イスラエルは核保有を明言してはいないが保有が確実視されており、パキスタンは九八年に、北朝鮮は二〇〇六年に核保有国になっている。南アフリカは七九年に核を保有したが九〇年に自主的に廃棄したことを明らかにし、同条的には非保有国として九一年に加盟している。

核保有をめざした国は一つや二つではない。南アフリカ、ブラジル、アルゼンチン、ユーゴスラビア、スウェーデン、スイス、韓国、台湾など[11]がそうであり、今後も核保有に進む国が出ないとも限らない。アメリカの核の傘のもとにある日本も、核保有の意志をめぐっては憶測も含めていろいろ取りざたされている。いずれにせよ、誤りの根源は五大国が核を独占し、その全廃を謳ってはいても強制力を持たないNPT体制にある。

なお、NPTと同様に不平等条約の構造を持つのが一九九二年に採択された国連気候変動枠組条約と九七年に採択された国連気候変動枠組条約京都議定書である。いずれも地球の温暖化を防ぐために温室効果のあるCO_2などの排出を規制しようとする条約である。これらの条約は地球が温暖化しているかどうかの真偽は措くとしても、先進国が産業革命以降化石燃料の大量使用によりCO_2を排出してきたという理由から先進国のみにCO_2削減義務を課した点で一定の合理性はある。しかし、途上国にも近年大量にCO_2を排出している国家があるにもかかわらずそれらの国がいまだ削減対象国から除外されている点や、排出義務を負った先進国間でその排出削減目標値に差異が設けられている点など、NPT同様、不平等条約の最たるものである。政治的意図は別のところにあるとしても、アメリカ、オーストラリアなどがこの不平等性を突いて京都議定書の枠組から離脱したのはむしろ理に適っているともいえるのである。

「愛国者」田中角栄・中曽根康弘と電源三法

インドが核実験を強行した一九七四年、日本では田中角栄首相・中曽根康弘通産大臣のもと、いわゆる電源三法が成立した。電源三法とは、電源開発促進税法、電源開発促進対策特別会計法、発電用施設周辺地域整備法の三法を指し、前年に起きた第一次オイルショックにおけるエネルギー供給の混乱を背景に火力発電所以外の電源開発を目的として制定された法律である。これらの法律のもと、発電所立地市町村には「電源三法交付金」が交付されることになる。火力発電所以外の電源開発が目的であるからには、水力、地熱などの発電所の建設も対象となるはずであるが、実際には六〇年代中頃から激しさを増していた原子力発電所建設反対運動（本書一七五頁参照）を「交付金」で懐柔し、「原子力ムラ」の利権構造のもと原発建設の推進を目的とする法律であった。

　これにより一九七〇～八〇年代は原子力発電所の建設・稼働ラッシュとなり、立地市町村の多くが多額の交付金によって自治体財政を膨らませ、当初はいわゆる箱物を中心とした公共施設の整備が進んだ（二〇〇三年以降、交付金の使途は施設運営費や人件費などソフト事業にも充てられるようになった）。しかし、幾種類かで構成される電源三法交付金は「電源立地等初期対策交付金」や「電源立地促進対策交付金」の名称が示すように、原子力発電の稼働後には交付が打ち切られるものや極端に減額されるものもある。また同じく稼動後は、逆に地方税である多額の固定資産税も原発立地市町村に歳入されることにはなるが、償却が進むにしたがって歳入は急速に落ち込む。このように、電源三法交付金と固定資産税歳入が急減するなかで、交付金等によって作られた大型公共施設の維持に膨大かつ経常的な財源を要す財政構造は変わらず、原発稼動から七~八年経過すると財政は逼迫してくる。そして、自治体はさらなる交付金のための原発建設を要望するようになっていく。麻薬中毒ならぬ「交付金中毒」である。

福島第一原発所在地の一つである福島県双葉町の財政状況の逼迫はすさまじく、河北新報の報道によると二〇〇八年には町長の給与を実質ゼロとするような緊縮予算をとらざるを得なくなっていた。

> 福島県内で最も財政状況が悪化している双葉町の井戸川克隆町長は十六日、来年一－三月の［町長の］給与を月額五万六千円に減額し、手取額を実質ゼロにする条例案を町議会十二月例会に提出した。［中略］双葉町の実質公債比率（自治体収入に対する借金返済額の割合）は〇七年度決算で三〇・一パーセントに達し、福島県内でワーストだった。(12)

めぼしい産業もなく限られた雇用のもとで困難な生活を強いられてきた過疎地自治体がいったん原子力発電所を受け入れると、原発頼みの財政構造になる。原発の償却が進み自治体の財政が逼迫してくると、原発城下町としての色合いをますます強めることになり、次の原発建設を要望するようになるのである。「もう一基建てて欲しい」といわざるを得ないシステムに組み込まれてしまった市町村は、安全性に目をつむって原発を受け入れる傾向になり、そういったことも原発事故がたびたび起きてきた一因であったと考えられる。

田中角栄は金脈問題で有罪になり失脚はしたが、高度経済成長時代末期の伝説の政治家として遇せられてきた。しかし、フクシマ原発事故によって田中をめぐる評価は微妙に変化するかもしれない。なぜなら、田中の主導によって導入された電源三法のもとでこの列島には多くの原子力発電所が建設され、立地市町村は「交付金中毒」になり、結局はフクシマ原発事故の大惨事を招いてしまったからだ。この事実は、田中にとって初めて明らかになる本当の汚点となるはずである。それは田中が真の愛国者であったかどうかということと関わっており、日本の大地、河川、大気、そして海洋を放射能で汚染させてしまったことは、田中における愛国者たる資格に重大な疑義をもたらすに十分な出来事なのである。原子力発電が二次エネルギーの歴史においてどのように位置づけられるかは、ウラン燃料の枯渇等の観点から今世紀中にはある程度のめどがつくであろう。その際には愛国者としての田中の評価も自ずと定まっていくものと考えられる。

思想上の左右を問わず、放射能汚染によってフクシマの人々を流浪の民へと追いやり、「兎追いしかの山」も「小鮒釣りしかの川」も喪失した状況で、人々は果たして（忘郷の念こそ高めるにせよ）国を愛することなど可能なのであろうか。そういった観点から田中同様にいえるのが中曽根である。齢九〇にしてなぜ中曽根はその存在を一定のレベルに保ち得ているのか。愛国者たりうる人物として認められてきたからか。しかし、三〇代から原子力発電に関わり続けてきた中曽根は、フクシマ原発事故の遠因を作ったことによって「愛国者ではないことが暴かれてしまった」。もはや彼の影響力は失せてしまったし、仮にこれ以上表に出るというのであれば老醜以外の何ものでもない。伝説的な言説によれば「愛国の思想」が健全に機能するためには汚染されていない大地と大気が必須であるが、原子力発電所が林立し放射能汚染された列島では健全な愛国の精神など醸成されないことをフクシマ原発事故は示した。今回の原発事故で恐らく初めて、いわゆる保守とも右翼ともいえる陣営から反原発・脱原発の声が上がったのは極めて注目すべき変化である。

スリーマイル島とチェルノブイリでの核事故

原発が建設されてきた経緯は各国で異なる面があるとしても、世界的に見れば一九八〇年代末までに大方の建設が終了し、あとは年間数基が廃炉になり、同数の新規建設があるという状況であった。原発が「停滞期」に入った原因の一つはグローバルな経済変調であるが（有り体にいえば、ビジネスとしてペイしない）、もう一つの大きな要因となったのは東西両陣営の盟主において起きた重大な核事故である。

一九七九年三月二八日、アメリカ北東部ペンシルベニア州スリーマイル島の原子力発電所（川の中洲の二基で稼働、一基は休止中）で「国際原子力事象評価尺度（ＩＮＥＳ）レベル５」に相当する重大事故が起きた。

蒸気発生器に水を供給するポンプが故障し、補助ポンプは人為的なミスで作動せず、炉内温度と圧力が上昇し、結局炉心の水位が下がり、燃料棒の一部が露出して炉心溶融（メルトダウン）を起こしたが、自動安全装置により制御棒は炉心に落下して核分裂は停止した。公的発表では人的被害はなく、大気中に漏れた放射性物質も健康に害を及ぼす量ではなかったとされている。しかし、半径五マイル（八キロメートル）圏内の子どもと妊婦に避難勧告が出され、パニックになって数千人が避難するなど混乱をきわめた。

原子炉の制御が遅れていたらさらに甚大な事故になった可能性がある。しかし、低線量被曝に関する被害調査を続けてきたアメリカの研究グループによれば、「一九七九年の部分的炉心溶融事故の以前と以後の両方の調査から確認された死亡率の異常な増加は、被害の大きさを何よりも端的に物語っていた」[13]のである。放射能漏れの被害者二六〇〇人が起こしたスリーマイル島の事業者に対する集団訴訟は主要報道機関によって無視されたが[14]、人々の不安や不信は収まらず、アメリカにおける原子力発電所新規建設の気運は結局二〇〇〇年代の「原子力ルネッサンス」（後述）までしぼみ続けることとなった。また国際的には、スウェーデンにおいて翌一九八〇年に国民投票が行われ、原発の段階的廃炉が決まった。

一九八六年四月二六日に起こった旧ソ連ウクライナ共和国・チェルノブイリ原子力発電所の事故は、スリーマイル島原発事故をはるかに上回る、「ＩＮＥＳレベル７」に相当する過酷なものであった。

チェルノブイリ原発は四基からなり、黒鉛炉であるということが事故の特異点となった。事故は実験中に起きた。実験では、原子炉の停止に伴い電源が停止してから非常電源に切り替わるまでの間、原子炉内蒸気タービンの惰性運転を活用して冷却水ポンプに給水が十分可能かどうかが試されるはずであった。しかし、作業ミスにより、制御棒を必要以上に出し入れしてしまった結果、原子炉が過熱し、最終的には水蒸気爆発を引き起こし、(構造上、格納容器はなく）原子炉建屋に穴があいて放射性物質が大気中に大量に飛散した。

ソ連の報告書によれば、事故による直接の死者は消防隊員など三一人、この他に二三八人が急性の放射線障害に冒されたとされているが、実際の死者や低線量被曝による健康被害者の数についてはその何千、何万倍という報告もなされている。(15) ＩＡＥＡは当初事故の原因を作業員の運転ミスとしていたが、のちに（ソ連崩壊後）原子炉の設計にあると訂正した。このようにソ連の責任を大目に見ようとした処し方はハンス・ブリックスＩＡＥＡ事務局長（当時）が「国際原子力ムラ」の掟に従ってなるべく波風を立てないように事を運んだことによるといわれている（「ＩＡＥＡに見る「国際原子力ムラ」(1)――ハンス・ブリックスの場合」九九頁参照）。

しかし、事故の影響は甚大であった。以後ソ連の原子力発電計画は重大な変更を迫られることになり、世界の原子力発電所の新規建設も中止されるに至った。さらに、この事故を最初に公にしたのは当事者ソ連ではなくスウェーデンの原子力発電所であり、ゴルバチョフ政権下のソ連指導部は意図的に公表を遅らせた。それが世界の非難を浴び、ソ連崩壊の遠因ともなった。

事故により原子力発電は安全とはいえないということが改めて認識され、特に欧米でその傾向が高まった。その後は本格的な「原発の停滞期」に入り、原子力発電が見直されるのは地球温暖化防止政策と称して再評価しようとする二〇〇〇年代の、いわゆる「原子力ルネッサンス」期のことであった。

これらの事故との対比も含めてしばしばいわれてきたのは日本の科学技術水準の高さである。しかし、近年になり残念ながら否定されるべき事象が数多く出来してきた。例えば、サンフランシスコの高速道路が地震によって崩壊した際（一九八九年）には「日本ではあのようなことは起きないはず」とされたが、阪神淡路大震災（九五年）では実際に同様の崩壊が起きた。また、インド洋大津波（二〇〇四年）で多くの犠牲者が出た際には「途上国ではインフラが整っていないからだ」とされたが、東日本大震災ではその見方が傲慢であったことが明らかとなった。実際、インド洋大津波のあと、東京電力は国から津波対策の検討を要請され、福島第一原発では最大一五・七メートルの津波を想定していながら、対策はとられなかった。また、スリーマイル島やチェルノブイリの原発事故の際にも「日本の原子力技術は進んでいるからあのような事故は起こらない」「日本の原発はチェルノブイリ原発の黒鉛炉とは型が違い安全だ」と豪語していたが、茨城県東海村の核燃料加工施設ジェー・シー・オーでは「ＩＮＥＳレベル４」に相当する臨界事故（東海村ＪＣＯ臨界事故）で死者を出し（九九年九月三〇日）、新潟県中越沖地震（二〇〇七年七月一六日）の際には東京電力柏崎刈羽原子力発電所において一歩間違えれば大惨事になる重大事故を引き起こしている。日本はこれらの事故さえ教訓とすることなく、むしろ「原子力ムラ」の策謀によって「臭いものに蓋をする」が如き対応に糊塗した。こうした傲慢さがフクシマ原発事故を呼び、取り返しのつかない甚大な環境破壊をもたらし、多くの人をふるさとからちりぢりに追い立ててしまったのである。

被害と加害の重なり

一九七九年から九五年まで四期一六年間長崎市長を務めた本島等（一九二二〜）は先鋭的ともいえる反核思想の持ち主である。本島はヒロシマ・ナガサキに原爆が投下されたのは仕方ないと言い、その理由として、戦争を仕掛けたのは日本であり、日本人がアジア太平洋諸国に対して犯した戦争犯罪はかなりひどいものであって、ヒロシマ・ナガサキの被爆ばかりを強調するのは誤っていると主張するのである。

ヒロシマ・ナガサキの被爆の悲惨さを強調するのが誤っているとは思えない。しかし特にアジア太平洋戦争終結後しばらく被爆の悲惨さを強調していたいわゆる被害者意識の突出に異を唱えるこの考え方には一理あり、近年八月六日や九日の平和記念（祈念）式典における平和宣言に「アジア諸国等に対する加害者としての反省」を盛り込むようになったのは頷けることである。

この点では、今日被爆に関して慣用句化している「唯一の被爆国日本」という表現も慎重に使用しないと誤解を招くおそれがある。他国からの直接的な原爆攻撃を受けた例は日本だけかもしれないが、「唯一の被爆国日本」という表現からは、被爆者は日本人だけという印象を与え、当時日本にいて被爆した植民地下の人たちや捕虜となっていた連合国側の人たちを含む外国人が抜け落ちてしまう。そもそも核実験を行った国はすべて被爆（被曝）国であるかその加害国である。実験の場所は、アメリカの場合はビキニ（二〇一〇年にユネスコの世界文化遺産に登録された）などの太平洋諸国、旧ソ連の場合は現カザフスタンのセミパラチンスク、中国では新疆ウイグル自治区、フランスはアルジェリアのサハラ砂漠と太平洋のポリネシア、イギリスはオーストラリア領内であり、いずれも自国の植民地の住民か国内の辺境の住民が核の犠牲者になっている。当然のこととして、マンハッタン計画に従事した労働者や実験に加わった兵士をはじめ、どの国でも核実験では相応の被爆者を生んでいるのであり、核施設や原子力発電所の事故は枚挙にいとまがないほどである。

本島がいう「被害と加害の重なり」は、「原子力ムラの住人とは誰か」という問いにもつながっていくだろう。それはただ政、官、財や学、メディア、司法、労組を挙げて非難していれば済む問題ではないからである。次章で見ていくように、好むと好まざるとにかかわらず原子力発電による電力供給の恩恵を受けてきたという点では、我々すべてがこの「ムラ」の住人の一人であった。またその住人はグローバルに存在しており、ＩＡＥＡなどを中心とした「国際原子力ムラ」の存在も見逃してはならない。

「ヒロシマ・ナガサキの被爆を上回る犠牲を日本はアジア太平洋諸国に強いてきた」。本島の主張は時に先鋭化して被爆者の感情を逆撫でするが、長崎市長を一六年間務めた人間によるその言葉には重いものがある。

原子力ルネッサンス

原子力発電は第二次世界大戦後の高度経済成長の時代には電力供給逼迫による需要もあったが、国によって多少のずれはあるものの一九八〇年代末から「停滞期」に入り、スリーマイル島とチェルノブイリでの両原発事故後の一九九〇年代には「原発建設の時代は終わった」ともいわれるようになっていた。しかし、その後も稼働年数を延ばすなどして発電量を維持してきたのは、出自が原子爆弾にあったというその「兵器性」にある。原発を絶やすことは究極の兵器である原爆を手放すことにつながる。原発はそうした恐怖感に為政者が苛まれる運命を帯同してきたのである。ところが、二〇〇〇年代になって突然原子力発電が復活の兆しを見せてきた。

アメリカのジョージ・W・ブッシュ（ジュニア）政権は二〇〇一年に国連気候変動枠組条約京都議定書からの離脱を表明すると同時に、地球温暖化問題への取り組みが不足しているという国際的な非難をかわす目的で「地球にやさしい」原子力発電の建設を復活させる方針を発表した。以後アメリカ、スウェーデン、イギリスなどでは地球温暖化政策と称して原子力発電の再評価が行われ、これは「原子力ルネッサンス」と呼ばれている。

もともと原発国であったフィンランド、フランス、日本では原発は依然として高い評価を得ていた。また、電力需要対策と地球温暖化対策とを同時に進めようとする途上国が新規に原発を建設することで、原発メーカーを抱える原発大国にとってそれらは「特需」の場にもなっていた。これら一連の流れを「原子力ルネッサンス」と捉える見方もある。

現在、途上国においては南アフリカ、ヨルダン、トルコ、インド、マレーシア、エジプト、サウジアラビア等が原子力発電所の建設を計画し、そのプラント輸出に原子力産業が国家の後ろ盾を得て輸出合戦を展開している。地球温暖化問題に後押しされた原子力発電はCO_2を排出しない「クリーンエネルギー」として蘇ったのである。チェルノブイリと並ぶ放射能汚染事故を引き起こしてしまった日本でさえ、フクシマ原発事故前に契約寸前まで進んでいたベトナムとの交渉を継続させ、事故からわずか七か月後の二〇一一年一〇月には正式に輸出契約を結んでいるし、中東のアラブ首長国連邦（ＵＡＥ）には韓国が進出している。現存の原子力発電所は世界で四〇〇数十基であり、フクシマ原発事故が起こる前の「原子力ルネッサンス」期には、途上国を中心にかなりの新規建設が期待できるという予測もあった。しかし、このような予測も「原子力ムラ」から出されたプロパガンダであるという見方もある。

フクシマ原発事故から一か月も経たない二〇一一年四月六日～八日に中国深圳市において第九回中国国際原子力発電工業展覧会が開かれ、世界中から三〇〇の企業が参加、日本からも三菱重工業などのメーカーが出展した[16]。原発途上国のなかでも経済発展の規模からすれば中国は外せない市場なのであろうが、日本国内ではフクシマ原発事故による放射能汚染で大混乱しているというのに、原発のセールスに出掛けて行って「安全」を説くには困難があったろうと思う。世界の原発メーカーは現在、二〇〇六年にアメリカのウェスチングハウス社を買収した東芝と、日立・ゼネラルエレクトリック連合、そして三菱重工業・フランスアレバ社連合の三大グループに分かれており、主に途上国からの原発受注にしのぎを削っている（三大グループ会社は「国際原子力ムラ」の有力な住人である）。

このように、一時勢いの止まった原子力発電に「救いの手」を差しのべたのが「地球温暖化問題」なのであるが、実は順番が逆で、巨大産業となった原子力発電が「構造不況」に陥っては経済的にも軍事的にも由々しき事態を招くとして、「原子力ムラ」が「地球温暖化問題」という項目を作り出したのだという見方も出ている。

2 原発事故と「原子力ムラ」についてのもう一つの視点

フクシマ原発事故以来、原子力発電に絡んで甘い蜜に群がっていた人々の利権構造や情報隠蔽体質を指す言葉として「原子力ムラ」という言い方が広く使われるようになった。その住人たる「ムラ人」には政・官・財をまず挙げねばならず、事故後解説者として登場し「安全神話」をふりまいた科学者や、従来から事実を伝える責任を果たしてこなかったメディアもそこに加えなければならない。さらに、司法や原子力産業等の労働組合の責任も糾弾されてしかるべきである。

科学の領域では主に物理学者や原子力工学者の責任が問われている現状ではあるが、原子力発電と地球温暖化問題の親和性（癒着）に象徴されるように（第3章で詳述）、また原発事故が甚大な環境破壊を引き起こしてしまったからには、環境科学者や環境ＮＧＯもムラ人の一員であったという自戒の念を持って再出発せねばならないだろう。しかしながら、これらの人々を非難していれば済む問題ではなく、好むと好まざるとにかかわらず究極的には原子力発電による電力供給の恩恵を受けてきた我々すべてが「原子力ムラ」の住人であったことを自覚せねばならない。そして、当然にしてアメリカを盟主とする国際原子力機関（ＩＡＥＡ）などの実働機関も、原子力に関わる国際的なムラ社会であることを見逃してはならない。

「原子力ムラ」――政・官・財・学・メディア

今回の原発事故では、「「原子力ムラ」の利権構造は政・官・財のもたれ合いとしては当然存在する」といった受け止め方がまずあった。しかし、科学者もそのなかにすぐに加えられることとなった。事故の報道に際し「爆発の心配はない」「放射能が漏れ出る危険はない」などの解説をしているその間にも爆発や放射性物質の放出・拡散等の重大事故が出来した。科学者の信用は完全に失墜したあげく、財界等から大きな利益供与を受けていたことも発覚して、「学」も「原子力ムラ」の住人に加えられることとなったのである。

さらに、原発事故の報道にあたっているメディアも電力業界などから巨額な広告費等を得てきたことや、原子力発電に対する安全性の検証を怠ってきたことが明るみに出るにつれ、「原子力ムラ」の住人として糾弾されることとなった。

こうして、「原子力ムラ」に見られる利権構造と情報の隠蔽体質は従来なら政・官・財のトライアングルで把握してきたが、フクシマ原発事故をきっかけとして学・メディアも加えたペンタゴン（五角形）として捉えられようになった、というのが一般的な見方のようである。科学ジャーナリストの小出五郎は次のように述べている。

> 日本の原子力村の特徴は、そこにメディア・学者も入ってしまったことで、トライアングルではなくて、より強固なペンタゴン（五角形）になっています。原子力村には掟があります。推進という掟です。［中略］原子力村の構成員を結びつける接着剤は、巨額のカネとポスト、便宜の三つです。(17)

確かにその通りかもしれないが、「原子力ムラ」をペンタゴンとして捉えるだけでは「原子力ムラ」の利権構造、そして情報の隠蔽体質を十分に明らかにすることはできない。それらに加えて司法も労働組合も、そして我々すべてがムラ人であったという認識を持たなければば、このような腐蝕構造を無くすことはできないだろう。

司法も労組も

筆者が三月一一日直後から述べてきたように、[18]「原子力ムラ」の住人は政・官・財に学・メディアを加えたとしても決して十分であるとはいえない。トライアングルやペンタゴンで収まるような小さな利権構造ではないのである。

政治家や官僚が「原子力ムラ」の住人として挙げられるのであれば、国家権力の三権の一として司法も加えられねばならない。いや、むしろ国家の三権という観点から司法については優先して検証しなければならないというべきだろう。全国の原発立地市町村住民からは多くの原発関連訴訟が提起されてきたが、ごく一部の判決を除けば住民の訴えは退けられてきた。た。フクシマ原発事故後裁判官の天下りの実態が明らかにされ、司法も「原子力ムラ」の住人であると指摘されているが、仮に天下りがなかったとしても原子力発電の容認体制を追認する判決の累積は司法にとっても有形無形の大いなる権益獲得であったと見るべきであり、「原子力ムラ」の住人として糾弾されなければならない。なお、司法にあった者の天下りについては、ジャーナリストの三宅勝久『日本を滅ぼす電力腐敗』第六章「「原発安全」判決を書いた最高裁判事が東芝に」に詳しい[19]。

また、政界に関しては、一九五二年のサンフランシスコ講和条約発効後、それまで連合国軍最高司令官総司令部（GHQ）によって禁止されていた原子力関係への研究が解かれた頃からの政権与党・自民党にその多くの責任があるのはいうまでもないが、同時に、腐敗した政界の常として野党にも原子力関連の利権の恩恵が及んでいた。二〇〇九年に本格的な政権交代を果たした民主党にはその強力な支持団体として原子力産業の労働組合が深く関わっており、これにより政権交代後も自民党の原発政策をそのまま引き継ぐことになったのである（「民主党への政権交代と原子力委員会の年頭所信表明」一四二頁参照）。

民主党においては脱原発（あるいは脱原発依存）を模索する動きもあるが、それはフクシマ原発事故からの時間の経過のなかで徐々に薄れてきたといわざるを得ない。その一因が原子力産業労働組合からの圧力である。脱原発による国民の安全よりも自ら所属する企業の利益を優先し、関連議員を通して政権に圧力をかけるというのが原子力産業労働組合である。こうした団体を支持基盤とする議員を政権中枢に擁しての脱原発は難しく、民主党にあっては「原子力ムラ」の住人として留まるような画策が横行しているのが現実である。

朝日新聞論説委員大熊由紀子の先駆的な原発礼賛記事

朝日新聞は一九九五年二月～七月に「戦後五〇年メディアの検証」、二〇〇七年四月～二〇〇八年三月には「新聞と戦争」というタイトルで、アジア太平洋戦争時に犯した戦争協力の過ちなどを検証する連載記事を掲載した。後者は二〇〇八年六月に書籍化されてもいる[20]。そして、二〇一一年三月一一日のフクシマ原発事故に関しては、同年一〇月三日から「原発とメディア」と題して、自社を含めたメディアが「原子力ムラ」に取り込まれていく歴史的検証を行っており、二〇一二年七月現在も継続中である。それらの検証が朝日新聞を含めたメディアにとって、また我々すべてにとって有益なものとなることを期待したい。

ところで、朝日新聞は一九七六年の七月から九月まで、原子力発電を礼賛する四八回の連載記事「核燃料―探査から廃棄物処理まで」を掲載した。大熊由紀子科学部員（当時）によって書かれたこの連載は翌七七年には一部加筆されて同名の書籍として同社から刊行されている[21]。この原子力発電礼賛に関しては先の「原発とメディア」においても取り上げられているが[22]、自社の問題であるからにはさらなる詳細な検証が望まれるであろう。

原子力発電礼賛の記事や原子力発電推進の広告に積極的な大手メディアはひとり朝日新聞に限ったことではなかったが、朝日新聞のこの連載記事を取り上げたのには理由がある。それは大熊が地球の温暖化に言及するかたちで原子力発電を礼賛しており、しかもその記事の掲載時期である一九七六年はまだ一般的には「寒冷化を心配していた」時代であったからだ（記事掲載は七六年九月二日朝刊第四面）。実際日本では気象学者根本順吉が七六年七月三〇日に『氷河期が来る―異常気象が告げる人間の危機』を上梓している。[23]また、地球温暖化に関しての初めての国際会議といわれるフィラハ会議が世界気象機関（WMO）、国連環境計画（UNEP）などの共催で開かれたのは八五年になってからである。このことからもわかるように、大熊が地球の温暖化に注目した時期といい地球温暖化と原子力発電を結びつけた時期といい、朝日新聞によるこの連載は驚くほど先駆的なのである。

しかし、先駆的というのは地球の温暖化が科学的に立証されているとはいえないことを示しているにすぎず、それはただ、原子力発電の必要性を述べる上で話題性があったのでこのネタを大熊が活用したというだけのことである。言い換えればそれは、原子力発電が相乗的に推進し合える相棒を原初から、そして絶えず求めていた証しであり、大熊はどこからかそのネタを捜してきたのであろう。

大熊は記事のなかで、火力発電所では石油や石炭を使用するので、排出されたCO_2の温室効果により「地球は、金星の世界に似た、鉛も溶けるほどの灼熱地獄になるだろう〔新聞記事〕／なる恐れがある〔書籍一七二頁〕」と述べている。「科学部記者」の執筆記事としては尋常では考えられない「脅し」である。つまり原子力発電に関する記事のなかで、CO_2を排出する火力発電では地球が灼熱地獄になるだろうと言っているのであるから、これは原子力発電を選びなさいという「脅し」である。それは、昨今の原発推進論者が「原発を再稼働させないと停電になり、経済は立ちゆかなくなる。雇用がどうなってもいいのか」と脅している状況と似通っている。

地球温暖化問題と原子力発電の癒着に関しては第3章で詳述するが、大熊の原子力発電礼賛記事の論調で特徴的なのは、自らが科学部記者であることを強調し、原発反対運動などの主張は科学的でないとしているところにある。大熊は「科学は善」であり「科学的でないものは悪」であるという論理や倫理で記事を書いているが、近代科学を無条件に肯定するそのような立ち位置からの分析が危険なことは、フクシマ原発事故の現実が示すところとなった。

原子力産業とメディアの蜜月

フクシマ原発事故以降に夥しく出版されたいわゆる原発本のなかには、政・官・財ごとに、電力会社から誰がどのような便宜を図ってもらっていたかの詳細な報告も多い。知識人であれ、タレントであれ、名の知れた者が電力会社の「お世話になる」ことは、フクシマ原発事故後「原子力ムラ」の事例として限りないほど明るみに出てきた。それは、メディアについても同様である。大震災に見舞われた当時、東京電力勝俣恒久会長（当時）の行方が一時定かでなかったが、この頃勝俣は総勢約二〇名の訪中団団長として他の電力会社役員などとともに新聞・テレビ・雑誌などメディアの人たちを接待して中国を慰安旅行中だったのである。事故当時、東京電力では清水正孝社長（当時）も出張中で2トップ不在という危機管理のなさが批判され、しかも会長の出張がメディア対策の接待旅行であったので批判が拡大していった。もっとも、東京電力への批判はこれが全くの始まりにすぎなかったわけであるが。

メディアを籠絡させる目的のこの中国訪問行事は「愛華訪中団」と呼ばれ、長年続いていた。石原萠記の『続・戦後日本知識人の発言軌跡』によれば、二〇〇一年三月一八日から二四日まで民主党江田五月議員を団長として北京、杭州、上海を訪問したのが第一回であり、その後東京電力によるメディアを対象とした同様のツアーが毎年催されている。同書には毎回の参加者リストが掲載されているが、政・財・学・労組のほか、新聞社、出版社、テレビ局、雑誌社などの参加者も多く、マスコミ対策が主な目的であったようである。(24)

先に見た朝日新聞の大熊は新聞連載記事執筆当時は「科学部記者」であったが、その後論説委員となり、大学教授に転身している。大熊には一九七八年一〇月二六日の「原子力の日」（茨城県東海村の日本原子力研究所が六三年に原子力発電に成功したことなどを記念して設けられた）前後に原発安全論をふりまいて全国を講演したり、(25)環境学者市川定夫によって突きとめられた「低線量被曝によってムラサキツユクサが突然変異を起こす」ことに関し意図的に事実をねじ曲げて報道するなど、(26)電力会社には積極的な協力を行っている。このような原発礼賛の姿勢は大熊一人でとれるわけではなく、朝日新聞社が社の方針として原子力発電を肯定していたことに他ならない。

朝日新聞には原発礼賛で知られた岸田純之助論説主幹（現、財団法人日本原子力文化復興財団監事）など多くの「立志伝」や「伝説」が残されているが、朝日新聞は始めから原子力発電のＰＲ広告を掲載していたわけではない。電力会社がメディアを「原子力ムラ」の住人として扱うのは原発広告を掲載・放映して巨額の広告収入を得るからであるが、その起源がいつなのかについて、同じく朝日新聞の記者で電力分野をカバーしていたこともあるフリージャーナリストの志村嘉一郎は『東電帝国—その失敗の本質』の第二章「朝日が原発賛成に転向した日」のなかで次のように書いている。

朝日新聞社は一九七九年八月、全国の支局、通信局などで原子力問題を担当している第一戦記者二一人を集め、三日間の研修会を開いた。研修会の目的は、朝日新聞の原発報道の姿勢が、「No, but」から「Yes, but」に変わったことを、原発がある地方の記者に徹底させるためだった。〔中略〕この研修会に先立つ二年半前に、朝日新聞社の調査研究室では、科学部、社会部、経済部の中堅記者五人を集め、「原発報道のあり方」の研究をさせている。リーダーは調査研究室長・論説委員の岸田純之助。〔中略〕朝日新聞の原発賛成への動きは、研修会の五年前の一九七四年から始まる。当時の朝日新聞広告関係者は、「石油危機で朝日の広告が少なくなり、意見広告をたくさん入れようということになった。その中で、もし原発推進の意見広告が出稿されたらどうするか、議論になった。しかし、原発促進は社論に反するもので、編集トップがどう考えるかお伺いをたてる必要があった。［中略］」と話している。［中略］朝日新聞に、原子力のＰＲ広告が載り始めると、同じ大手町にあるすぐ近くの読売新聞の広告局が電事連に飛んできた。［中略］「朝日の新聞界への影響力はさすがに大きかった」［中略］「朝日と読売に出稿されているなら、ぜひ毎日にもお願いします」と、毎日の広告局もやってきた。(27)

「朝日新聞の原発賛成への動きは、研修会の五年前の一九七四年から始まる」とあるように、先の大熊の新聞連載記事掲載の七六年と見事に符合しており、広告掲載の「解禁」は朝日が先鞭をつけ、読売、毎日と続いたようである。

上坂冬子の海外原発行脚

評論家の上坂冬子は二度海外の原子力発電所を訪問し、その印象をまとめた本を『原発を見に行こう』のタイトルで上梓している。第一回訪問が一九九五年一二月二四日から九六年一月七日まで中国、インド、パキスタン三か国、第二回が九六年四月二五日から五月八日まで韓国、台湾、フィリピン、タイ、インドネシア五か国であり、書籍のなかで上坂は「そもそも、この旅行の言い出しっぺは私なのである」と書いている通り、望んで出掛けたようである。この本は原子力発電に対して知識人がいわゆる広告塔の役割をした典型的なものなので、その「おわりに」に書かれている同行者の紹介のところを引用しておく。

アジア八ヵ国の旅に同行していただいたのは、中部電力（株）常務取締役・殿塚猷一氏、日本原子力発電（株）広報部部長・寺垣鐵雄氏、日本原子力産業会議調査役・若林格氏でした。またインドネシアでは原産ジャカルタ連絡事務所所長・田村直幸氏に、六ヶ所村の日本原燃（株）では専務取締役六ヶ所本部長・鈴木雄太氏はじめ各部署の担当の方々に、丁寧なご説明をいただいております。六ヶ所村に同行してくださったのは、電気事業連合会広報部部長・川井吉彦氏、副部長・石田芳樹氏で、皆様にそれぞれ専門家としてお力添えいただきました。原稿内容に関しては、とくに寺垣鐵雄氏に事実関係のチェックをお願いしたばかりでなく、巻末の用語解説も作成していただき、大変感謝しております。(28)

事実関係は見方によって異なるものである。ならば「事実関係のチェックをしてもらった」

ということは、著者としての責任を放棄したということであろうか。いずれにせよ、この場合の事実関係とは、「原子力ムラ」の掟に沿った事実関係である。「原子力ムラ」の実態をあっけらかんとまとめた本であることがわかる。

また、日本では **nuclear power plant** を核発電所ではなく原子力発電所と訳し、穏当なイメージを与えることに成功しているのであるが、これに関連した上坂の発言（講演録）が当書文庫版に収録されている。内容は次の通りであり、唖然とするほど的外れな物言いとなっている。

素人の私が原子力発電になぜこんなに関心を持っているかと申しますと、一つには日本の特殊事情があります。日本ではニュークリアー・エレクトリック・パワーを略して〝原発〟と申します。半世紀前にヒロシマに落とされたのが〝原爆〟で、日本語で発音すると原発と原爆とは耳から受ける印象も口の開き具合も似ているせいか、ともすれば両方が同列におかれ、ことあるごとに目の仇とされているのです。まことに下手な命名をしたものです。(29)

新しいムラ人――環境科学者および環境NGO

「原子力ムラ」の一角を占める「学」に関しては、原子力発電の安全性を強調することの対価として多くの科学者が不適切な報酬を受けていたことが明らかになった。「寄付講座」という名称で金員を受け入れることも多く、大学の工学系研究科には年に数億円が寄せられているという報道もあった。「安全神話」を吹聴してきたこうした「学」のムラ人としてはまず物理学や原子力工学関係の科学者が糾弾されねばならないが、それで済ませてはならないだろう。原発が、CO_2を排出しないという偽りをふりまきながら地球温暖化問題と軌を一にして増殖し、フクシマの大惨事を招いたことに鑑みれば、地球温暖化問題に関わってきた環境科学者や環境NGOも「原子力ムラ」の住人としての責任を問われなければならない。

地球温暖化問題は原発推進者によって作られたとする指摘を「陰謀論」であるとして取り合わないことがあるが、地球温暖化問題と原子力発電との親和性まで否定することはできない。多くの環境科学者や環境NGOが地球温暖化防止を旗印に研究・活動してきたこと、そして地球温暖化問題とその防止活動が結果的に原子力発電を推進してきたことは疑い得ない事実である。地球温暖化の原因は人為的なCO_2の排出（CO_2人為的排出原因説）にある、ゆえにCO_2は削減しなければならない。この主張が「クリーンなエネルギー」としての原子力発電を正当化してきたからである。原子力発電と地球温暖化問題は、「原子力ムラ」や「地球温暖化ムラ」（第3章で詳述）の情報操作によって親和的に相携えて進んできた。しかし、環境科学者や環境NGOは自らの研究・活動が原子力発電を推進してきたことに無自覚である場合が多く、非難の対象になることは極めてまれである。

このことは、フクシマ原発事故後において原子力発電を推進してきた物理学者や原子力工学関係の科学者が糾弾されたことと比べると大きな違いである。その理由を考えてみると、「環境」という「分野」が持つ「免罪符」ともいうべきものに行き着く。環境保護活動に携わる者は善人であり、他者から優先されてしかるべきだ――、「環境」という「分野」にはこうした感覚が抜きがたく存在し、大きな奢りになっていることに多くの者、そして環境科学者自身が無自覚になっているように思われる。

東京など原発立地を免れているいわば安全地帯（「中心」）に住む者は、フクシマなどの遠方（「周縁」）から電力を供給してもらい暮らしてきた。広瀬隆が『東京に原発を！』[30]と主張した翌年にチェルノブイリ原発事故（一九八六年）があり、反原発の気運が高まった時期もあったが、結局はつぶされてしまった。広瀬の書を「奇を衒った」と批評したものもあり、「原子力ムラ」の一角を占めるメディアの攻撃の一端を示している。この時に現れたのが地球温暖化問題であり、反原発運動は、科学者たちによる「CO_2を出さない原子力発電はクリーンエネルギーである」という全く根拠のないデマによって弱められてしまった。環境科学者や環境NGOも「学」として「原子力ムラ」の新しい住人になり、利権の分け前に与るようになったのである。この「追い風」のなかで政・官・財などの昔からのムラ人が反原発の運動をつぶしにかかったのはいうまでもなく、これにより一九八〇年代後半の運動は潰えた。

「環境」問題関係者が「原子力ムラ」の一角を占めているとの謂いは、自覚的か無自覚的かを問わず対価を得て原子力発電を推進し、環境を守るべき本来の使命をたがえて甚大な環境破壊を引き起こしてしまったこと、つまり地球温暖化問題に関わる科学研究費等の獲得によって原子力発電を推進したことを指している。

地球温暖化防止を掲げてきた者が原発推進に荷担してしまったことに気づいた場合、多くは沈黙するか、原子力発電の存在には否定的だったとの見解を披瀝するかのどちらかであろう。しかし、地球温暖化防止に関わった時点で原子力発電の推進から逃れられなくなっていた現実のもとでは、「地球温暖化防止の活動はしてきたが、原発には賛成していない」という弁明は言い訳でしかない。彼らにはこの現実をしっかりと踏まえた上での反省が必要であろう。

「環境」に配慮した持続的な社会を本当に作りたいのであれば、「脱原発」と同様、CO_2人為的排出原因説の「マインドコントロール」からも「脱」しなければならない。CO_2削減の主張が原発を推進し、挙げ句の果てにフクシマ原発事故の大惨事を招いたという「カルト的な経路」を、環境科学者と環境NGOは自己検証していかなければならない。

「原子力ムラ」の住人は我々日本人すべてであった

我々は原子力発電が稼働し始めた一九六〇年代からその恩恵に浴し安穏として高度経済成長のなかで過ごしてきた。その意味では、「原子力ムラ」の住人とは、政・官・財のトライアングルやそれらに「学」やメディアを加えたペンタゴンに限るべきではなく、司法も労組も、そしてありつける甘い蜜の量に差があろうとも究極国民すべてがその住民であったというふうに考えるべきである。

確かに、「原子力ムラ」の只中にいて利権の恩恵に直接与ってきた者たちとそうでない人たちを一緒にして、国民すべてが「原子力ムラ」の住人であり、ゆえに国民すべてにフクシマ原発事故の責任があるという論理は飛躍しているかもしれない。しかし、「序」においても述べたが、フクシマ原発事故による環境破壊は大地、河川、大気、海洋において広範囲な自然破壊をもたらし、そうした空間軸のみならず時間軸の観点からは子どもたちや未来世代にまで過酷な健康被害を及ぼすものになってしまった。とすれば、事態はもはや特定の集団の責任を追及するだけでは足りないのではないか。むしろ我々に求められているのは、一人ひとりが真剣に今回の原発事故に向き合い、将来をしっかりと見据えて思考する作業であろう。我々すべてが「原子力ムラ」の住人であり、事故の責任を負っているとするのは、そうした意味である。

「原子力ムラ」の利権構造については、多くの国民がこれほどひどかったのかと怒り、呆れた。もっと驚いたのは、フクシマ原発事故が起こってのちも原発の「安全神話」をふりまいている少なからぬ科学者・専門家がおり、依然として対価を得てその安全性を喧伝していることである。我々は原子力発電についてその科学的な面の知識に乏しかったばかりか、原子力をめぐる政治・社会的な状況についても知らないまま過ごしてきた。ヒロシマ・ナガサキの惨劇を経験していながら日本人は総体として核（原子力）について余りに知らなすぎたし、知ることを意図的に避けてきた面がある。

利権構造に捕捉された「原子力ムラ」の主たる住人には今後もさまざまな者たちが加えられていくであろうし、ムラ人として加えるにあたってタブーがあってはならないが、重要なのはそれが誰であるかということ以上に、我々すべてがこの「原子力ムラ」のなかに取り込まれていたということである。我々は近代科学の成果としての原子力発電の恩恵に浴してきたのであり、我々すべてが「原子力ムラ」の住人であったという反省と思索を深めない限り、フクシマ原発事故の問題も原子力発電の問題も永遠に解決し得ないと思われる。また、原子力発電が地球温暖化問題と深い関わりを持ってきたことからすると、「原子力ムラ」についてと同様に「地球温暖化ムラ」についても我々は同じような注意を払っていかなくてはならないだろう。

以上、日本における「原子力ムラ」の実態を見てきたが、国内における「原子力ムラ」に劣らぬ国際的な「原子力ムラ」の存在にも目を向けなければならない。その中軸をなすＩＡＥＡの誕生に関しては第１章で述べた通りである。核拡散防止条約（ＮＰＴ）体制とともに世界の核を管理するこのＩＡＥＡと、共通する利害のもとで蜜月を維持し、利権の確保と健康被害に関する情報の隠蔽を図ってきた世界保健機関（ＷＨＯ）、国際放射線防護委員会（ＩＣＲＰ）、原爆傷害調査委員会（ＡＢＣＣ、改組後の放射線影響研究所〔ＲＥＲＦ〕）、「気候変動に関する政府間パネル」（ＩＰＣＣ）、これらが国際的な「原子力ムラ」を形成している主要メンバーである。

ＩＡＥＡに見る「国際原子力ムラ」⑴——ハンス・ブリックスの場合

第二次世界大戦後、核の独占を目論んでいたアメリカだったが、一九四九年、ソ連が予想以上に早く核実験に成功すると、それまでの方針を切り換え、核技術を西側同盟国に提供して原子力発電への取り組みを援助する一方、五七年には自らの主導で、世界の核管理と原発の推進を目的とする国際機関ＩＡＥＡを創設することとなる（「国際原子力機関（ＩＡＥＡ）と日本人」五六頁参照）。

世界の核に関する利権の管理、それを担っているという意味でＩＡＥＡはまさしく「ＩＡＥＡムラ」すなわち「国際原子力ムラ」を形成している。ムラ人の原子力発電の開発に理解を示し、それは東西冷戦構造時代のソ連に対しても当てはまるものであった。そのへんの事情についてかつてIAEA広報部長（のちにWHO事務局長顧問）を務めた吉田康彦は次のように述べている。

IAEAは米国政府・議会にとって最も満足度の高い国連機関で、ひたすら米英ソ三国の核寡占体制を支えてきた。したがって冷戦のさなかでも米ソは蜜月関係を維持し、本部所在地のウィーンで冬の夜長に頻繁に開かれる華麗な舞踏会で、米国大使とソ連大使夫人、ソ連大使と米国大使夫人が仲睦まじくワルツのステップを踏む光景も珍しくはなかった。(31)

IAEAの第三代事務局長ハンス・ブリックス（スウェーデン出身、在任一九八一～九七）が一九八六年四月のチェリノブイリ原発事故当時にとった（とらざるを得なかった）言動は、「国際原子力ムラ」の習性を如実に示すものである。彼は事故当時、旧ソ連（現ウクライナ）から放射性物質が飛散してくるであろう距離に祖国スウェーデンがあるというのに（チェルノブイリ原発の異変を最初にキャッチしたのは事故現場から一〇〇〇キロメートル以上離れたスウェーデンの原発においてだった）、ひたすら事故に関する情報操作と隠蔽に走った。

ブリックスは自国民の安全よりも組織の利権温存を優先するムラの掟に従ったのである。以下、七沢潔『原発事故を問う―チェルノブイリから、もんじゅへ』に書かれた「国際原子力ムラ」の実態を示すブリックスらの言動の一端を見てみよう。

国連の安全保障理事会や総会を舞台に米ソが激しく火花を散らしたころにも、このIAEAにおいては、両国は親密な関係を維持してきたといわれる。

ここに、ロシア外務省の資料室から入手した一通の公文書がある。〔中略〕内容はチェルノブイリ原発事故から三日目の四月二十八日から五月四日までの一週間にわたって、フレストフ・ソ連大使とIAEAのブリックス事務局長が行った会談の記録である。

ブリックスは会談のなかで、市民団体による反原発運動が盛んな西ドイツやスウェーデン、オーストリアの例などを挙げながら、チェルノブイリの事故がスキャンダラスに報道されることによる政治的マイナスを考慮しなければならないと、再三強調したという。そして、ソ連がIAEAを通じて逐次、情報の公開を行うことを提案したという。

その後、フレストフは、インド、オランダ、アメリカ、スウェーデン、フィンランド、ユーゴスラビア、イギリスの大使と連続して会談。各国の大使の意見が「原子力利用の発展のために世界がパニックになることを防ぐべきだ」という点で一致していることを確認した。

ブリックス事務局長は、五月二日、ＥＣ諸国代表者会議を開くにあたり、フレストフに「チェルノブイリ原発事故をめぐって繰り広げられている大騒ぎを鎮める路線を取ることを約束する」と伝えている。

ブリックス事務局長がフレストフ・ソ連大使を通じてメッセージした「西側の世論を鎮めること」を目的とした提携は、ソ連にとって、外交の上でも、また情報公開を自分たちに都合よく進めるうえでも、魅力的な提案だった。八月の国際検討会議は、ＩＡＥＡとソ連、さらに各国政府の「原子力推進体制を守る」という共通した利害の上に成立していたのである。[32]

この後、ブリックスの外交手腕（彼はスウェーデン外相を務めたことがある）によって、「アメリカがソ連をなるべく刺激しないこと」「国際検討会議では原子炉の構造など即答の出来ない項目についてはモスクワに持ち帰った後に回答すること」などの根回しが奏功する。こうしてチェルノブイリ原発事故は、「国際原子力ムラ」のムラ人たちが目論んだように真相は隠蔽され、事態は次第に沈静化に向かったのである。

なお、ブリックスはチェルノブイリ原発事故後まもない座談会において、地球温暖化を防止するためにはCO_2を排出しない原子力発電に期待がかかるとも発言している（「「寒冷化」の時代から一九八八年まで」一二四頁）。

ＩＡＥＡに見る「国際原子力ムラ」(2)——フクシマ原発事故の場合

フクシマ原発事故の起きた二〇一一年時のＩＡＥＡ第五代事務局長は日本人の天野之弥（在任二〇〇九～）である。天野はフクシマ原発事故後の三月一八日に来日、菅直人首相等と会談し、記者会見では次のような発言をしている。

フクシマ原発事故は人為的な事故ではなく、地震と津波による天災が原因である。人類は安全で気候変化に対処できるエネルギーを必要としており、原子力発電はその選択肢の一つである。

天野はフクシマ原発事故が人災ではなく天災であることをまず表明し、事態の沈静化を図った。天野の発言はフクシマ原発事故に際して日本政府とＩＡＥＡの利害が一致していたことを示すものであり、チェルノブイリ原発事故の際のハンス・ブリックスと同様の対処である。また、二か月半後の五月二四日にイギリス原子力安全査察官マイク・ウェートマンを団長とする一八人のＩＡＥＡ対日調査団が派遣され、六月一日に報告書の概要を発表しているが、「歯の浮くような」その報告にもＩＡＥＡを舞台にした「国際原子力ムラ」の実態が如実に表れている。

日本政府、原子力規制当局及び事業者は、世界が原子力安全を改善する上での教訓を学ぶことを支援すべく、調査団との情報共有及び調査団からの多数の質問への回答において非常に開かれた対応をとった。非常に困難な状況下において、サイトの運転員による非常に献身的で強い決意を持つ専門的対応は模範的であり、非常事態を考慮すれば、結果的に安全を確保する上で最善のアプローチとなった。これは、非常に高度な専門的な後方支援、就中、サイトで活動している作業員の安全を確保するためのＪビレッジにおける対応が大きな助けとなっている。(33)

ハンス・ブリックス事務局長と天野之弥事務局長、両者の置かれた立場に差異はあったとしても、「国際原子力ムラ」の利権温存に意を用い、波風をなるべく立てないで原子力発電推進の方向性を示すという点においては、二人の事務局長はそれに忠実な外交官であった。ただ、フクシマ原発の実際の事故は世界の動揺を沈静化できる規模をはるかに超えていた。日本政府は天野と連携して事故三か月後の六月二〇日から開かれた「ＩＡＥＡフクシマ閣僚会議」を乗り切ろうとしたが、そのようには進まず国際的な非難に遭うことになる。そこからは、ブリックスの根回しで真相が隠蔽され沈静化に向かったチェルノブイリ原発事故とは展開が異なってきている。

フクシマ原発事故は当初「国際原子力事象評価尺度（ＩＮＥＳ）レベル５」と発表されていたが（経済産業省原子力安全・保安院が暫定評価）、事故から一か月後の四月一二日にはチェルノブイリ原発事故と同じ「INESレベル7」に変更された。世界に与えた影響の点においては、ソ連解体の遠因ともなったチェルノブイリ原発事故と同様、フクシマ原発事故の影響も負けず劣らず大きいといわねばならない。それは、下降気味とはいえ世界第三位の経済力を誇る日本において生じたメルトダウンという衝撃であり、世界の製造業現場でサプライチェーンが寸断された「産業事故」という衝撃である。黒鉛炉のチェルノブイリ原発が当初よりその危険性を指摘されていたのと比べて、日本は軽水炉型を採用し「技術大国」ともいわれ続けてきたなかでの過酷事故であったから、この事態に遭遇した世界はこれまで以上に危機感を募らせ、日本の危機管理の杜撰さにもあきれ返ったのである。

IAEAとWHOによる「国際原子力ムラ」

世界保健機関（WHO）もまたIAEAとともに注意深く検証しなければならない機関の一つとなっている。それは、放射性物質の汚染と健康との関わりが問われているなかで、両国際機関の関わり方に問題があるからである。

フクシマ原発事故以前、日本では「外部被曝」「内部被曝」「半減期」といった言葉や「べクレル」「シーベルト」といった単位のことも一般的にはほとんど知られていなかった。ヒロシマ・ナガサキあるいは第五福竜丸事件（ビキニ環礁水爆実験）の記憶が薄れるほどの歳月が経ち、スリーマイル島やチェルノブイリの原発事故は身近には感じられなかったということであろう。そして重要なのは、このように原発事故に対する警戒心がなかったのは、原爆は悪い核だが原子力発電は善い核であるという「洗脳」が行き届いていたからである。

放射線による健康影響への過小評価についても、こうした「洗脳」と深く関わっているだろう。「チェルノブイリ被害調査・救援」女性ネットワーク代表でサイエンスライターの綿貫礼子は『放射能汚染が未来世代に及ぼすもの――「科学」を問い、脱原発の思想を紡ぐ』のなかで次のように述べている。

チェルノブイリにおいて特に重要な問題は、「国際原子力村」による放射線健康影響に関するもうひとつの「安全神話」と言えよう。「チェルノブイリでは、小児甲状腺ガンを除けば、放射線による住民への健康被害はない」というような、放射線の影響を過小評価する内容のものである。この過小評価の問題は特にチェルノブイリ以降に開始されたものではなく、ヒロシマ・ナガサキの原爆被爆者の健康影響、あるいは原子力産業で働く労働者の健康をめぐる科学論争など、〝核時代〟当初からの歴史を経てきている問題である。［中略］チェルノブイリ後に顕著であったのは、ＩＡＥＡや旧ソ連の政治家・科学者、日本の科学者（原爆影響研究者）、アメリカの軍事・原子力エネルギー産業界などとの結びつきである。［中略］本来ならば国連の中で健康に関する事項はＷＨＯ（世界保健機関）が担うべき課題のはずであるが、今日に至るまでＩＡＥＡがその主導権を握っていることが、チェルノブイリ事故の影響を世界に正しく伝えられていないことの大きな原因と言える。(34)

フクシマ原発事故によって拡散した放射性物質は幾種類かあり、その核種によって人体に及ぼす危険度の範囲が異なる。その危険性については異論も多々存在しているが、綿貫ら同ネットワークの知見によれば、ＩＡＥＡの安全基準は特に乳幼児や子ども、妊婦にとって決して安心できるものではない。

ここで「ＩＡＥＡの安全基準」と述べたが、放射線の健康影響評価はＩＡＥＡが決めるものなのか、という疑問が出てくる。この疑問からは、核（放射性物質）の健康被害に関するグローバルな「国際原子力ムラ」の存在が浮かび上がり、先に述べたＩＡＥＡとＷＨＯの不適切な関係についての検証が求められることになる。今回のフクシマ原発事故に際してもWHOに代わって前面に出て見解を述べてたのはIAEAである。この事実は一体何を表しているのであろうか。

世界の保健に関する任務は本来WHOを中心に遂行されてしかるべきものである。創設年で見るとWHOは一九四八年、IAEAは五七年であり、WHOのほうが九年早い。当初は核（放射性物質）による健康被害の調査もWTOが担っていた。しかし、IAEA創設後まもない五九年以降徐々に調査権がWHOからIAEAに移っていった。国連を創設したアメリカ等の戦勝国の意向が、強く反映された結果である。核という重要案件を扱っている関係上、どうしても力関係の上でIAEAがWHOを凌ぐことになったのである。[35]

こうしてIAEAはWHOと協定を結び、核による健康被害の調査等はIAEAが行うことになった。しかしIAEAは原子力発電の推進機関である。どうしても「保健」とは違った観点からの緩い安全基準を設けることになる。原子力発電と核に関する情報と同じように、核とその健康影響に関する情報についても自分たちの都合で操作するようになるのである。ちなみに、チェルノブイリ原発事故の犠牲者数にはさまざまな調査・予測値があるが、最も多い犠牲者数を示しているのは環境NGO等であり、次いでWHO、IAEAの順となっている。

ＩＡＥＡを中核とする「国際原子力ムラ」が核の健康被害調査の分担に関して下した二〇〇九年の決定は極めつけである。ＷＨＯ内にあった放射線専門部局を廃止し、核に関する健康被害調査の任務をＩＡＥＡの管理下に置いてしまったのである。チェルノブイリ原発事故当時、力は衰えたがＷＨＯ内の放射線部局はまだ独自の情報を発信し得ていた。しかし今日ＷＨＯは、スタッフの人数や情報量の点から、もはやフクシマ原発事故の放射能被害調査に関して正確な見解を迅速に発信しうる力を失っている。

原爆傷害調査委員会（ＡＢＣＣ）に見る「国際原子力ムラ」の原型

敗戦後まもない（原爆投下後まもない）一九四六年、原爆傷害調査委員会（ＡＢＣＣ）がアメリカで組織され、翌四七年には現地ヒロシマ・ナガサキにも設置された。従来ＡＢＣＣに関しては被爆者の健康、とりわけ低線量被曝の影響、それらを総合した上での遺伝への影響が主に調査されたといわれ、もっぱら「健康」が主題になった組織であるかのように扱われてきた。確かに被爆に関わる調査組織であるのでそのような見方は誤ったものではない。しかし、軍部を中核に他の組織も加え、日本の行政の末端組織まで動員して調査に当たったのはなぜか。

ＡＢＣＣに対しては、実際に治療を求める多くの被爆者の存在を無視して「調査」ばかりに終始することへの批判が当時から多く聞かれたが、冷徹にもＡＢＣＣは調査対象（標本）としてヒロシマ・ナガサキの Casualties（死傷者）を必要としたのであって、そこには被爆者を治療して救済しようという意図など始めからなかった。

そして調査目的の点から注目しておかなければならないのが原爆や原子力産業の「経済性」である。つまり、原爆およびそれに付随して必ずや大きな産業になるであろう原子力産業に従事する労働者に低線量被曝の危険性はないか、あるいはマンハッタン計画およびその後の核実験などに従事しまた従事することになるであろう兵士や労働者に被曝遺伝の生じる危険性はないか、それをヒロシマ・ナガサキの被爆者を通じて調査するというのが隠された真の目的であったと考えられる。

したがって、Atomic Bomb Casualty Commission を「原爆傷害調査委員会」と訳すことにも作為性があったといえる。Casualty は死者を含む言葉であり、実際ＡＢＣＣは原爆後遺症で亡くなった死者の臓器も標本の対象にしていたことからしても、「きず」という意味の「傷害」を訳語に用いるのは調査の目的を歪曲するものでしかなく、本来なら「死傷者」を示す訳語をあてるべきだったろう。

ヒロシマ・ナガサキ・チェルノブイリなどの放射線被爆（被曝）の悲劇を繰り返さないために、長年研究を続けてきた科学技術史家の中川保雄はABCCの欺瞞性について次のように述べている。

アメリカは広島・長崎でABCC活動を開始するにあたって、日本人の協力を得やすい組織形態を追求した。まず連合軍最高司令官総司令部［GHQ］が厚生省に働きかけてABCC調査への協力を約束させ、「国立予防衛生研究所（予研）」を一九四七年初めに設立させたうえで、「ABCC―予研共同研究」体制を作り上げた。しかしこの場合も共同研究とは名ばかりで、［中略］ABCCの実態は名実共にアメリカ軍関係者とアメリカ原子力委員会の支配下にあった。財政的にもABCCはアメリカ原子力委員会に依拠していた。［中略］ABCCの計画に従って原爆被爆者の間に遺伝的影響が検出されるかどうかは、当の原子障［＝傷］害調査委員会［＝ACC。ABCCの上部組織］の中にも疑問視する声が多かった。なぜならABCCが追加調査した妊娠例はおよそ七万例であったが、一〇〇レントゲン以上あびたと推定される父親の数はおよそ一四〇〇人、母親の数もおよそ二五〇〇人にすぎず、圧倒的大部分が低い線量の被爆例であったからである。〔中略〕調査結果は、端的に要約すれば原爆被爆者の間に生まれた子どもたちに放射線による遺伝的影響があるともないとも言えない、という、案の定と言えるものであった。しかし、アメリカ原子力委員会や原子障〔＝傷〕害調査委員会、そしてABCCは事前の予想には一言も触れないで、遺伝的影響はなかったと大々的に宣伝した。(36)

このようにABCCは被爆の影響を小さく発表することによって米日国内ばかりか国際的にも関心の高かった「核の後遺症」に対する懸念の払拭に努めた。そして原子力産業（原子力発電はまだなかった）が興ってきた際の安全性論議を見越して早々と「安全神話」を垂れ流し、戦後の「国際原子力ムラ」の形成に与ることとなった。中川が「遺伝的影響はなかったと大々的に宣伝し」と述べているように、ABCCの役割は放射性物質の影響を過小に見せたい米日両政府の意向を汲んだ広報活動であったと見ることができる。

ABCCと国立予防衛生研究所は一九七五年に正式に合体して、米日共同出資の「財団法人放射線影響研究所」（RERF）となったが、「これまでの調査・研究では被爆者の子どもへの遺伝的影響は認められない」との立場を今も崩していない（今後も研究を続けるとしている）。遺伝に関する他の調査・研究と同様、放射性物質による傷害が遺伝するかどうかは、長い年月と多くの調査対象者を必要とするものであって、予断を廃しての調査・研究が望まれる。原爆がこの世に出現してからまだわずか六〇数年であることからすれば、これまで考えられなかった健康被害も想定すべきである。現に、二〇一二年六月三日に長崎市で開かれた「原子爆弾後障害研究会」において発表された研究は、対象者一二万人、追跡は五〇年に及んでいる。次はそれに関する報道の一端である。

広島原爆で被爆した親を持つ「被爆二世」のうち、原爆投下後一〇年以内に生まれ、三五歳までに白血病を発症したケースは、両親ともに被爆した二世が少なくとも二六人に上り、父親のみ被爆の六人、母親のみ被爆の一七人に比べて、多いことが広島大の鎌田七男名誉教授（血液内科）らの研究で分かった。〔中略〕二世を対象にした従来の調査では、日米共同運営の研究機関「放射線影響研究所」（広島市、長崎市）を中心に「親の被爆による遺伝的影響はみられない」との研究結果が多く出ている。鎌田名誉教授は「白血病を発症した被爆二世の臨床データは少なかったが、これほど多く報告されたのは初めて。二世の中での比較で発症率に明らかな偏りが出た。さらに慎重な解析を続け

る必要がある」と話している。［後略］(37)

また、母親の胎盤は化学物質を通さないので有機水銀中毒である水俣病の場合も遺伝することはないというのが医学界の常識であったが、水俣病患者の救済と水俣病の研究で「水俣学」を確立した原田正純医師（一九三四〜二〇一二）は、有機水銀が胎盤を通して遺伝する「胎児性水俣病」の存在を突き止めている（一九六一年）。「遺伝的影響は認められない」とする「公式」見解には常に注意が必要なのである。

IAEAと国際放射線防護委員会（ICRP）による「国際原子力ムラ」

一九二四年に創設された民間の学術組織である国際放射線医学会議（ICR）は、二八年の第二回会議において、X線やラジウムなどを扱う医療従事者や研究者のための安全基準を定める組織「国際X線およびラジウム防護委員会」（IXRPC）を発足させた。その後、原爆の開発やヒロシマ・ナガサキ等における原爆の使用によって、医療従事者や研究者以外の一般市民についても被曝に対する安全基準を設ける必要性が出てきた。四九年にはソ連も核実験を成功させ、ますます一般市民の安全基準が求められる事態となった。そこで、ＩＣＲは一九五〇年の第六回会議において衣替えし、国際放射線防護委員会（ＩＣＲＰ）という組織となった。

医療従事者や研究者の場合の安全基準については、Ｘ線を頻繁に浴びることにおいてリスクはあるものの、一方では対価として得られる利益（患者にとっては疾患の早期発見、医療従事者にとっては金銭的報酬）も考えられるので、利益を得る代わりに一定のリスクを受忍する、いわゆる「リスクベネフィット論」が適用されることにそれなりの合理性はあった。しかし、核実験や原発事故による被曝について、リスクベネフィット論に基づいて放射線量が定められる合理性など考えられるはずもない。

原子爆弾が開発されたのち、ＩＣＲＰは「医療従事者・研究者」と「市民」という二通りの安全基準を設け、後者の一般市民の安全基準は前者のそれよりもハードルを高くして安全に配慮してきた。しかし、ＩＣＲＰにもＩＡＥＡ関係者（すなわち原爆や原子力発電に関わっている科学者）が合流した結果、安全基準に関してＩＡＥＡとＷＨＯとの間に起こったのと同じ力関係が生じ、ＩＣＲＰ基準はＩＡＥＡ基準に蚕食されるかたちで緩くなっていった。

環境学者で原水爆禁止日本国民会議議長を務めた市川定夫は次のように書いている。

被曝基準に沿って放射線防護を行う際の基本的考え方、つまり基準運用の原則が、ＩＣＲＰになってからどんどん後退した。すなわち、一九五四年には、被曝低減の原則を「可能な最低限のレベルに」〔to the lowest possible level〕としていたが、五六年には「実行できるだけ低く」となり、これは英語の頭文字をとってＡＬＡＰ〔as low as practicable〕の精神と呼ばれた。六五年には、これが「容易に達成できるだけ低く」と後退し、しかも「経済的および社会的考慮も計算に入れて」という字句が加えられた。七三年には「合理的に達成できるだけ低く」とさらに後退し、加えられた字句はそのままであった。六五年と七三年の原則は、やはり英語の頭文字をとって、それぞれＡＬＡＲＡ１〔as low as readily achievable〕、ＡＬＡＲＡ２〔as low as reasonably achievable〕と呼ばれた。(38)

このように、核（放射性物質）をめぐる安全基準はＩＡＥＡがＷＨＯとＩＣＲＰを取り込むかたちで形成されてきた。その背後には国連を創設した第二次世界大戦の戦勝国アメリカ等の核保有国の存在があり、放射性物質に関するこのような安全基準の後退現象についても、有り体にいえば低線量被曝の影響を低くみなして原子力産業を保護育成していこうとする国際的な「原子力ムラ」の影響の一つの表れと見ることができる。このような状況から、ともすれば我々は、WHOやICRPがIAEAの犠牲になっているとの感覚を持ちがちになるが、実際はIAEA、WHO、ICRP三者による合同の「国際原子力ムラ」が形成されているにすぎないことをしっかりと押さえておかなければならない。当然ながら、放射性物質に関する安全基準が後退してきたことにはABCC（RERF）の調査・研究「成果」が反映されているのである。

「フクシマ・子ども年二〇ミリシーベルト問題」と「正しく怖がる」

これら「原子力ムラ」「国際原子力ムラ」による低線量被曝の軽視が具体的に表れたのが、フクシマ原発事故における子どもの被曝問題（「フクシマ・子ども年二〇ミリシーベルト問題」などといわれている）である。

原子爆弾の被害には熱線、熱風、放射線障害などによるものがある。我々はヒロシマ・ナガサキにおいて一瞬のうちに起こった大量虐殺や被爆後の焼けただれた皮膚障害などを見ているだけに、フクシマ原発事故の場合の低線量放射線障害は目に見えず匂いもしないので軽視しがちであり、また軽視を強要されがちである。そういった軽視現象はチェルノブイリ原発事故など他の原発事故においても見られ、今回のフクシマの場合も「重大な被害は報告されていない」といった類の情報が「原子力ムラ」から多く出されている。

フクシマ原発事故の場合、低線量被曝に関して特に問題になったのは、事故後一か月余り経った四月一九日に文部科学省が発表した「福島県内の学校等の校舎・校庭の利用判断における暫定的考え方について」のなかで、子どもたちの低線量被曝（外部被曝）の基準値を年間二〇ミリシーベルト（屋外で毎時三・八マイクロシーベルトに相当）にしたことである。

子どもたちの健康・いのちよりも、年間計画に沿って子どもたちに授業を受けさせ、学校運営を滞らせないことを優先する文部官僚（原子力ムラの「官」）の考えつきそうなことであるが、発表された基準値については、一般市民の年間被曝線量の上限である一ミリシーベルト（ICRPがチェルノブイリ事故前年の一九八五年に改訂したもの）をはるかに上回り、フクシマの緊急時避難区域の基準になっている年間二〇ミリシーベルト（ICRPが震災一〇日後の三月二一日に出した勧告に基づく）を子どもにそのまま適用した危険な数値であるとして、次の点を含めて多くの方面、特に子を持つ親たちから抗議が殺到した。

一、内部被曝に関しては子どもたちに個人差があるとの理由で、年間被曝線量の数値から外されている。
二、屋外における毎時三・八マイクロシーベルトは、労働基準法で一八歳未満の作業を禁止している「放射線管理区域」の約六倍の線量である。
三、原発労働者が白血病を発症して労災認定を受ける基準は年間五ミリシーベルトである。
四、年間二〇ミリシーベルトは国際的に見ても異常に高い数値であり、ドイツの原発労働者に適用されている最大許容線量に相当する。

これらの抗議を受けて、文部科学省は五月二七日になって「子ども年二〇ミリシーベルト案」を事実上撤回し、「年一ミリシーベルト」(ただし学校内の敷地のみ)をめざすという方針に変更した。国がこのような異常な基準値を適用しようとしたのは、ＩＣＲＰの「事故収束後の基準」である一～二〇ミリシーベルトと「事故継続等の緊急時の状況に置ける基準」である二〇～一〇〇ミリシーベルトを参考にしたものとされるが、子どもの基準値にまでＩＣＲＰの数値がそのまま出てくるのにはやはり「国際原子力ムラ」の圧力をそのまま受け入れる日本の「原子力ムラ」の体質を感じずにはおれない。

こういった局面で使われ始めたのが「正しく怖がる」という言葉である。この言葉は流行していると言ってもよいくらい頻繁に出てくるようになった。これはもともと科学者寺田寅彦の言葉であるが、[39] フクシマ原発事故後すぐの三月一六日の新聞紙上にすでにこの言葉が表れているところを見ると、[40]「原子力ムラ」の科学者は原発事故が起きた際にはこの何とも胡散臭い表現（寺田が使った時は胡散臭くはなかったが）を使って言いくるめることを予め「想定」していたものと推測される。

三月一六日の新聞紙上で「正しく怖がる」ことを説いている福島県放射線健康リスク管理アドバイザーで長崎大学教授の山下俊一（現、福島医科大学副学長）は、「「フクシマ・子ども年二〇ミリシーベルト」は全く問題ない安全基準である」と述べているばかりか、福島県飯舘村（高線量地域！）での講演では外部被曝の心配はないし、何を食べても飲んでも大丈夫と発言したとされる。

「正しく怖がる」という表現は少なくとも数値を用いて合理的に説明する時に用いる言い方ではない。放射能汚染は軽微であり危険はないという「風評」を人々の感情に訴えて広める手段としての言葉である。しかしこれだけ多用されているところを見ると、「原子力ムラ」の意図は成功していると言ってよいだろう。「正しく怖がる」——これはパニックを鎮め何ごともなかったことにするための原発擁護宣言であり、いまや危険な放射線量基準の追認・甘受の拠り所にさえなっているのである。

ヒロシマ、ナガサキ、チェルノブイリを見てきた我々は、このフクシマの大惨事を糊塗する欺瞞的な言葉に騙されてはならない。恐ろしいものはただ恐ろしいのであって、ことさら「正しく怖がる」必要などない。「原子力ムラ」の科学者はフクシマ原発事故の被害者をさんざん騙しておきながら、一方で避難生活を強要し続けている。

フクシマ原発事故後に起こっているこのような著しい人権侵害ともいうべき事態には、国際的な「原子力ムラ」の権力構造と、国内「原子力ムラ」の情報隠蔽体質とが複雑に絡み合っている。

そして、この混乱に拍車をかけているのが「地球温暖化問題」の信奉者の存在である。彼らは、世界の気温上昇を抑える低炭素社会を実現するためには何が何でもＣＯ$_2$を削減していかなければならない、そのためには電力源においても発電時にＣＯ$_2$を排出しない原子力発電を推進しなければならない、と主張する。次章ではこの主張を代表する「国際原子力ムラ」の住人であり「地球温暖化ムラ」の住人でもある「気候変動に関する政府間パネル」（ＩＰＣＣ）について詳しく取り上げることとする。

3 原子力発電と地球温暖化問題の癒着

環境問題が重要視されるようになり、なかでも一九八〇年代からは地球の温暖化が喫緊の問題として浮上し、国際社会を挙げての対策が求められるようになった。そして、仮に地球が温暖化しているとしても、その原因は自然によるものなのか人為的なものなのかいろいろ考えられるにもかかわらず、大気中のCO_2の増加が悪玉視され、「CO_2を出さないクリーンエネルギー」という触れこみで原子力発電が地球を救う救世主の如く推奨されるようになった。しかし、いまや誰もが知るように、原発がCO_2を出さないといわれるのは発電時に化石燃料を直接燃焼させないことを指すのであって、原子力発電所の建設、ウランの採掘・精錬・濃縮などのプロセス、さらに諸々の運送等に際しては、化石燃料の燃焼に伴うCO_2の発生は当然避けられない。稼働時に排出され続ける温排水等を考慮すれば、原発はかえって地球の温度を上昇させ、生態系を破壊していることも明白である。

原子力発電が「クリーンエネルギー」であるということを人々がいつのまにか正しいこととして認識するようになった背景には「地球温暖化ムラ」の利権構造や情報隠蔽体質も関わっている。そこには原子力発電を産業の中核に据えている国家の思惑が投影され、加えて国際的な資源・エネルギー戦略が絡んでいる。ところが、原子力発電がCO_2を排出しないということの誤りに気づいたとしても、地球温暖化問題の存在そのものに切り込む者は少ない。「気候変動に関する政府間パネル」(IPCC)に集う環境科学者、そしてそれに無批判に追随する環境NGOなどによってこの問題の真の姿は隠されたままである。

「寒冷化」の時代から一九八八年まで

市民科学者で「原子力資料情報室」を立ち上げた高木仁三郎は、「『原子力はクリーンなエネルギー』という神話」という論考のなかで次のように述べている。

原発に関する数々の神話、あるいは原発正当化のためにつくり上げられたさまざまな論理が崩れていくなかで、最後に浮上してきて残った、いわば最後のエース、切り札が、「原子力はクリーンなエネルギー」という神話です。クリーンの意味は、一九八〇年代末から問題化されてきた「地球温暖化」に関係しています。とくに二酸化炭素［CO_2］排出による地球温暖化に対して、その防止には原発がいいとされ、世界的に原子力産業による強力なキャンペーンが展開されてきました。日本の場合には、原子力産業に加えて日本政府・通産省が積極的にこの神話を後押ししたので、いわば地球温暖化防止のためのエースというかたちで、国家的な規模でキャンペーンが行なわれました。これは世界的にはきわめて異例なことで、国単位でキャンペーンが張られたり、こういうポリシーがとられたりすることは、ほとんどありませんでした。これは、いかに通産省が原発を国策としてやろうとしているかの現れであると言えます(41)。

以下、原子力発電と地球温暖化問題の親和性（癒着）について、その大きな出来事を時系列的に述べていくこととする。

今日地球の温暖化が問題視されているが、一九七〇年代まではむしろ地球の寒冷化が懸念されていた。しかし、「産業革命以降大気中のCO_2が増加してきており、地球の温暖化が気候変化を誘発して災害を発生させる」という見解が漸増し、七九年二月開催の第一回世界気候会議（ジュネーブ、主催＝世界気象機関［WMO］）で初めて正式な国際会議の議題として登場したのが「地球温暖化問題」である。同会議では地球は温暖化しているとも寒冷化しているとも決定的な結論には至らなかったが、同じく気候変化をテーマとした八五年のフィラハ会議（オーストリア）や八七年のベラジオ会議（イタリア）においては温暖化への懸念が正式に表明されるに至り、後述するトロント・サミットやトロント会議（ともに八八年）などにも影響を与えることとなった。

その間、一九七九年三月二八日にアメリカ・スリーマイル島、八六年四月二六日には旧ソ連ウクライナ共和国・チェルノブイリにおいて重大な原発事故が発生した。チェルノブイリ原発事故の約半年後、IAEA事務局長ハンス・ブリックスは一一月五日付け朝日新聞の座談会において、CO_2を排出しない点で原子力発電は火力発電より優れているとして次のように述べている。

火力発電所が出す二酸化炭素［CO_2］も問題。地球大気に熱が蓄積される「温室効果」

は理論の問題ではなく、現実になっている。(42)

チェルノブイリ原発事故で増した原子力発電への不信感を地球温暖化という「別の脅威」で打ち消し、かつ原子力発電は「CO_2を排出しない」という点でその脅威に対抗できる発電システムであることを強調したのである。一九八八年を迎えると地球温暖化をめぐる情勢は一気に緊迫する。

◎一九八八年、アメリカ中西部の穀倉地帯を熱波が襲い、連動してシカゴの穀物相場が暴騰。

◎同年六月一九日〜二一日、カナダで開催された主要国首脳会議（トロント・サミット）において地球温暖化がサミットとしては初めて議題に登場。経済宣言では次のように述べている。「[前略] 有害廃棄物の越境輸送に関する合意に向けての国連環境計画（UNEP）の努力も、UNEPと世界気象機関（WMO）の協力のもとでの地球的規模の気候変動に関する政府間パネルの設立とともに、奨励されるべきである。[後略]」（環境第三三項）。

◎同年六月二三日開催のアメリカ上院エネルギー委員会での公聴会で、アメリカ航空宇宙局（NASA）ゴダード宇宙研究所のジェームズ・ハンセンが「最近の暑さが地球の温暖化と関係していることは九九％の確率で正しい」と述べる。
◎同年六月二七日〜三〇日、サミット終了後の同会場でカナダ政府主催の「大気変動に関する国際会議」（通称トロント会議）が開催され、地球温暖化防止策としてCO_2排出量の具体的数値（二〇〇五年までに一九八八年比二〇％削減）を決議、採択。同会議では、発電時にCO_2を排出しない原子力発電の有効性に史上初めて言及、翌八九年のアルシュ・サミットの経済宣言に受け継がれる。
◎同年一一月、気候変化の問題を科学的な見地から評価・報告する目的で「気候変動に関する政府間パネル」（IPCC）が設置される。

熱波と穀物相場の暴騰といくつかの会議や証言によって、人々は地球の温暖化が正しいものであると信じるようになった。一九八八年は地球温暖化問題が世界、とりわけ超大国であるアメリカに認知された年として重要である。

アルシュ・サミット

一九八九年のアルシュ・サミット（フランス）では地球温暖化問題が主要議題となり、サミット史上初めて原子力発電が地球温暖化問題との関連性で取り上げられた。同サミットの経済宣言中、第三三項から五一項までが「環境」に充てられ、その第四〇・四一項では次のように述べられている。

我々は、気候変動をもたらす惧れがあり、環境を脅かし、究極的には経済をも脅かす二酸化炭素及びその他の温室効果ガスの排出を抑制するための共通の努力を強く支持する。我々は、この問題に関し気候変動政府間パネル［ＩＰＣＣ］により行なわれている作業を強力に支持する。

我々は、温室効果ガス観測所の世界的ネットワークを強化し、気候変動を探知するための地球規模の気象学的情報ネットワークを設置しようという世界気象機関（ＷＭＯ）のイニシアティブを支持する必要がある。（第四〇項）

我々は、エネルギー効率の一層の向上がこれらの目標に大きな貢献をなしうることにつき意見の一致を見ている。我々は、関係国際機関に対し、省エネルギー、より広くいえばあらゆる種類のエネルギーの使用効率を向上させ、関連する手法及び技術を促進させるための経済措置を含む措置を奨励するよう要請する。

我々は、原子力発電所において最も高い安全基準を維持すること、及び発電所の安全な操業と廃棄物の管理に関する国際協力を強化することにコミットしており、原子力発電が温室効果ガス排出を制限する上で重要な役割を果たすことを認識する。（第四一項）

サミット開催地のフランスは今日、国内電力供給の約八〇％（アルシュ・サミット当時で約七五％）を原子力発電に依存しており、電力を輸出していることからも原子力発電は同国の重要産業である。フランスが唱道する「産業としての原子力発電」はサミット参加国の賛同を得たのであるが、ここで重要なのは原子力発電と地球温暖化問題との「一体化推進」を主要先進国が認めたことである。チェルノブイリ原発事故が世界に与えた脅威や懸念を払拭する意味でも、地球温暖化問題は原子力発電の推進にとって大いなる援軍となった。また、高々CO_2の微妙な増加を理由とした「温暖化ムラ」の情報操作にすでに世界が翻弄されるようになっていたのである。

気候変動に関する政府間パネル（IPCC）の評価報告書

一九八八年末に発足した「気候変動に関する政府間パネル」（IPCC）は気候変化の問題を科学的な見地から評価・報告する目的で、アメリカの主導のもとWMOとUNEPにより創設された国連後援の政府間機構である。

その作業部会は、「気候変化の科学的な知見評価」「気候変化の社会・経済的な影響評価」「気候変化の対策評価」の三分野に分かれており、世界から各国政府を代表するかたちで多くの科学者が参加している。一九九〇年に第一次評価報告書、九二年に国連気候変動枠組条約交渉に資する目的でその補遺、九五年に第二次、二〇〇一年に第三次、二〇〇七年に第四次の評価報告書を発表しており、国連気候変動枠組条約のたたき台となるなど地球温暖化問題に大きな影響を与えてきた。

同報告書は、今日の気候変化の主な原因をCO_2などの人為的な排出にある（CO_2人為的排出原因説）とし、その削減を求め、温暖化傾向に関してかなり悲観的な将来予測を行っている。二〇〇七年に発表した第四次評価報告書では、第三次に比べて、温暖化の主要因とされる人為性の可能性を「高い」(likely)から「非常に高い」(very likely)に変え、人間の経済活動などによって排出されるCO_2の「人為性」をより強調している。その対策の一環として原子力エネルギーへの転換を推奨し、原子力発電をゼロエミッション(廃棄物ゼロ)とも位置づけている。

一九八〇年代後半～九〇年代の原子力発電推進の世論誘導

一九八八年にアメリカやカナダなどで起こった地球温暖化に関わる一連の出来事に呼応するように、日本では一九八八年版『原子力白書』(原子力委員会編、八九年三月一〇日発行)において「原子力発電が地球温暖化問題を考慮した際の代替エネルギーになりうる」という次のような記述が登場した。

昭和六三年[一九八八年]六月にカナダのトロントで開催された「大気変動に関する国際会議」において、オゾン層破壊、酸性雨と併せこの問題が議論された。その中で、現在のような二酸化炭素を中心とする温室効果ガス濃度の増加が続けば、二一世紀半ばまでに気温が一・五〜四・五℃、海面が三〇cm〜一・五m程度上昇し、大規模な気候変動や沿岸地方の都市の浸水等の影響が生ずるおそれがあるとしている。そして、このような問題への対策として、同会議においては、二酸化炭素の発生抑制や他の温室効果ガスの排出抑制等の実施を提言しており、その中で、原子力発電については、安全性、核不拡散、廃棄物処理の課題が克服されることを前提として代替エネルギーとなり得るとしている。(43)

一方、同じ年、一九八八年版『環境白書』(環境庁企画調整局企画調整課編、八九年五月一九日発行)においても「地球温暖化問題」が取り上げられた。つまり、「相乗的に推進し合える相棒を原初から、そして絶えず求めていた」原子力発電であったが(本書八五頁)、一九八八年の一連の出来事に対して日本では『原子力白書』と『環境白書』で、即座に、同時に、反応したのである。その後両白書には地球温暖化問題が原子力発電との関わりで毎年のように取り上げられることになる。

国連気候変動枠組条約と京都議定書

このようにして地球の温暖化は揺るぎない事実となり、一九九二年には国連気候変動枠組条約が採択され、ブラジルのリオ・デ・ジャネイロで開催された国連環境開発会議（地球サミット）の「目玉」として署名が始まった。同会議には世界一〇〇か国以上の元首が出席し、環境と開発の調和を模索したが、先進国と途上国の対立は解けず、環境問題は途上国支援や財政金融問題化の様相を呈した。

一九九四年に発効し世界のほとんどの国が批准しているこの条約は、気候変化問題に関する基本的な枠組を取り決めたものである。先進国と途上国が温室効果ガスの削減に向けて「共通だが差異のある責任を負う」とされ、先進国においては二〇〇〇年までに温室効果ガスの排出量を一九九〇年の水準に戻すという努力目標が掲げられた。しかし、各国の具体的な削減目標値などには踏み込まず、交渉は条約に基づく国連気候変動枠組条約締約国会議（COP）に委ねられることとなった。

COPは温室効果ガスの削減方法や削減値を最大の交渉議題として、条約発効翌年の一九九五年から毎年開催されている。エネルギー問題専門家の飯田哲也は次のように書いている。

一九九七年一二月、京都で地球温暖化防止京都会議（COP3）が開かれた。同会議で採択された「京都議定書」により、日本は世界に対し、CO_2排出量を二〇〇八～一二年までに一九九〇年水準より六％削減することを約束した。［中略］ところがこれを機に、政府は「原発一六～二〇基の新設」を主唱し始めた。(44)

京都議定書ではこのように各国の具体的な削減目標値を決定したほか、のちに京都メカニズムと称されることとなる温室効果ガス削減の方法も盛り込んだ。京都メカニズムとは排出枠取引（各国間等で実施する温室効果ガス排出枠の売買）、共同実施（先進国同士で実施する温室効果ガス削減プロジェクト）、クリーン開発メカニズム（＝CDM。先進国と途上国間で実施する温室効果ガス削減プロジェクト）の三メカニズムで構成され、地球温暖化の原因とされるCO_2などの削減を、市場取引を通して達成しようとするネオリベラリズム政策として取り入れられたものである。

これらが地球温暖化問題を解決する方策として採用されたことから、次年度にアルゼンチンのブエノスアイレスで開催されたＣＯＰ４では「CO_2を排出しないクリーンエネルギー」である原子力発電の売り込みに電力会社や原発メーカーが多数参加し、本来環境問題を話し合う会議であるべき締約国会議はさながら商談の様相を呈した。

地球温暖化対策推進大綱と『原子力白書』

一九九七年開催の京都会議（ＣＯＰ３）において京都議定書が採択されたのち、日本政府は直ちに「地球温暖化対策推進本部」を立ち上げ、その本部長に就任した橋本龍太郎首相（当時）は翌九八年に地球温暖化対策推進大綱（旧）を策定した。

大綱のなかでは原子力発電の推進が次のように謳われ、先に飯田が述べていたように、政府は原子力発電所の具体的な新設目標値を一六～二〇基と掲げるようになった。

わが国の削減目標を達成するためには、［二〇］一〇年度において［一九］九七年度の五割以上の発電電力量の増加を目指した原子力発電所の増設が必要である。

一九八八年版『原子力白書』において原子力発電が地球温暖化問題との関わりとして初めて登場したことを先に見たが、京都会議（ＣＯＰ３）の翌年に発行された九八年版『原子力白書』でも「地球温暖化問題」が大きく取り上げられ、原子力発電は地球温暖化という災厄から人類と地球を救う救世主として扱われている。これはサミットなど国際会議において「地球温暖化問題」の認知が原子力発電と一体となって進められたのと同様の流れである。次に示すのは同白書「地球温暖化問題と原子力」の前文であり、前文のあとには原子力発電の必要性に関する記述が図や写真を交えて六ページにわたって続いている。そして同様の記述は以後刊行されたすべての『原子力白書』に見られる。

地球温暖化問題は最大の環境問題の一つであり、京都で気候変動枠組条約第三回締約国会議（ＣＯＰ３）が開かれるなど、今まさに全世界で活発な議論がなされています。二酸化炭素の排出削減を図るためには、省エネの推進による化石燃料の総使用量の削減等と併せて、発電過程において二酸化炭素を排出しない原子力発電の導入促進が重要であり、こうした地球温暖化対策を進めることは、人類社会が地球環境と調和しながら今後とも持続的な発展を遂げるための我が国の国際的責務と言えます。(45)

「地球温暖化対策推進大綱」による原子力発電の推進と「原子力政策大綱」による地球温暖化政策の推進

一九九八年策定の「地球温暖化対策推進大綱」で原子力発電の推進が謳われたように、二〇〇五年一〇月に閣議決定された「原子力政策大綱」では地球温暖化問題の危機を煽りつつ地球温暖化政策と原子力発電との親和性が強調されている。まさに地球温暖化政策と原子力発電は相携えて増殖していったのである。次に示すのは、「原子力政策大綱」の一節である。

地球温暖化問題は、人類の生存基盤に関わる最も重要な環境問題の一つである。長期的・継続的な温室効果ガスの排出削減の第一歩として採択された京都議定書が二〇〇五年二月に発効したことに伴い、我が国は議定書の第一約束期間である二〇〇八年から二〇一二年において温室効果ガスの年間総排出量の平均を基準年（原則一九九〇年）比マイナス六%の水準にまで削減する義務を負った。［中略］原子力発電は、ウラン資源が政情の安定した国々に分散して賦存すること、二酸化炭素排出については、発電過程では排出せず、発電所建設から廃止までのライフサイクル全体で見ても太陽光や風力と同レベルであり、二酸化炭素排出が石油・石炭よりも少ない天然ガスによる発電と比べても一桁小さいこと及び放射性廃棄物は人間の生活環境への影響を有意なものとすることなく処分できること、さらに、原子力発電は核燃料のリサイクル利用により供給安定性を一層改善できること、高速増殖炉サイクルが実用化すれば資源の利用効率を飛躍的に向上できること等から、長期にわたってエネルギー安定供給と地球温暖化対策に貢献する有力な手段として期待できる。したがって、我が国としては、省エネルギーを進め、化石エネルギーの効率的利用に努めるとともに、新エネルギーと原子力をそれぞれの特徴を生かしつつ、最大限に活用していく方針、いわゆるエネルギー供給のベストミックスを採用するのが合理的である。なお、エネルギー技術は引き続き研究開発が行われており、その進捗に応じ、こうした方針は多面的な評価を踏まえて定期的に見直されることになるので、原子力発電が、引き続き、社会の持続可能な発展を支えるエネルギー源に位置付けられるためには、関係者がその技術の安全性、経済性、環境適合性、核拡散抵抗性を絶えず向上させるための努力を続けていく必要がある。

北海道洞爺湖サミット

小泉純一郎政権（二〇〇一～〇六）後の首相には、現在（二〇一二年七月）まで自民党から二人、民主党から三人が就任しているが、ほぼ一年ごとに交代するといった具合に支持率が低く短命である。二〇〇八年に同様の低い支持率にあえいでいた自民党福田康夫政権は、政権浮揚につなげたい思惑で同年七月開催予定の北海道洞爺湖サミットに向けて準備に奔走した。このとき最大のテーマとなったのも地球温暖化問題であるが、もとよりこれは今後のエネルギー問題、原子力発電の問題である。

同サミットでは地球温暖化問題と原子力発電がまさしく一体となった宣言が発表された。首脳宣言第二八項は次のように述べている。

我々は、気候変動とエネルギー安全保障上の懸念に取り組むための手段として、原子力計画への関心を示す国が増大していることを目の当たりにしている。これらの国々は、原子力を、化石燃料への依存を減らし、したがって温室効果ガスの排出量を減少させる不可欠の手段と見なしている。我々は、保障措置（核不拡散）、原子力安全、核セキュリティ（３Ｓ）が、原子力エネルギーの平和的利用のための根本原則であることを改めて表明する。このような背景のもと、日本の提案により３Ｓに立脚した原子力エネルギー基盤整備に関する国際イニシアティブが開始される。我々は、このプロセスにおいて、国際原子力機関（ＩＡＥＡ）が役割を果たすことを確認する。

アルシュ・サミットにおいて正式に合体した原子力発電と地球温暖化問題はその後のサミットにおいてもセットで議論され宣言として発表されてきたが、洞爺湖サミットではＩＡＥＡを中心とした国際的な核管理体制に地球温暖化問題がすっぽりと取り込まれてしまったことに注目しなければならない。

原子力発電と地球温暖化問題、そしてＩＡＥＡとＩＰＣＣの同根性は次の国際的プロパガンダにも現れている。すなわち、ノーベル「平和賞」という「国際的権威」を、ＩＡＥＡとその事務局長であるエルバラダイが二〇〇五年に、そしてＩＰＣＣとその「広告塔」である元アメリカ副大統領アル・ゴアが二〇〇七年に、時を措かずに獲得していることである。これは、原子力発電と地球温暖化問題との関係が癒着するほどに合体したことを示している。

福田政権はサミットの直後、その成果を踏まえて「低炭素社会づくり行動計画」を閣議決定し「原発の新規建設」と「高速増殖炉の推進」を謳うこととなったが、この方針は翌二〇〇九年に民主党が政権交代したのちも何ら変わることなく引き継がれた。

民主党への政権交代と原子力委員会の年頭所信表明

スリーマイル島やチェルノブイリでの核事故のあと、一九九〇年代は建設費の高騰や世界的な経済変調の影響で世界の原発建設が停滞した時期であった。それを救ったのがアメリカ・ブッシュ政権（二〇〇一～〇九）下の地球温暖化政策、「原子力ルネッサンス」であることはすでに述べた（本書七六頁）。

日本もこれに便上した。日本ではもともと原子力発電を縮小する方針がなかったので、必ずしも「ルネッサンス」というべき現象ではないが、原子力発電所の輸出への期待が「原子力ルネッサンス」として捉えられた。

二〇〇九年八月の総選挙で自民党から民主党への政権交代があり、地球温暖化問題関連では鳩山由紀夫首相が就任六日後の「国連気候変動サミット」において、温室効果ガスを二〇二〇年までに一九九〇年比で二五％削減することを表明した。しかし、その担保になるのは、自民党政権時代から続いている原発依存の政策であることには変わりなく、鳩山を継いだ菅直人首相は「原子力ルネッサンス」特需ともいえる原子力発電所プラントの「トップセールス」のために二〇一〇年一〇月にベトナムを訪問している。

「原子力ムラ」を構成する政・官・財のトライアングルにおいて、「政」を牽引したのは原子力発電の導入後一貫してこれを推進してきた自民党である。その意味で原子力政策における破綻やフクシマ原発事故の「政」における第一の責任は自民党にある。一方、民主党政権が自民党の政策を引き継いで原発の輸出に熱心であったのは電力や原発メーカーの労働組合をバックにした有力議員がいるためであり、そのことは原子力委員会の年頭の所信にも表れている。

政権交代後初の年頭所信（二〇一〇年）とその翌年の年頭所信は地球温暖化問題の解決を目指すことを理由に掲げて、原子力発電所の建設と輸出の推進に意欲を示したものとなっている。

二〇一〇年所信　我が国では、昨年九月に新政権が発足し、地球温暖化対策に関してより意欲的な政策目標が出されました。〔中略〕その実現に向けては、省エネルギーと併せて原子力発電の一層の推進を図る必要があります。〔中略〕本年の重要目標(1)地球温暖化対策、エネルギー安定供給の確保に役立つ原子力発電の着実な利用拡大に向けての取組を、安全確保を前提に、着実に推進。特に、設備利用率の向上、高経年化対策の推進、新増設の推進。(46)

二〇一一年所信　現在当委員会が特に重要と考えていることは次の通りです。〔中略〕第五は、地球温暖化対策及びエネルギー安全保障の観点から原子力発電に対して関心を示す国が増大していることに対して、政府と民間が連携協力して取り組むことです。政府は、〔中略〕昨年の年初以来、民間と連携して原子力発電所の建設を含むシステム輸出を実現していく努力も強化しており、成果も出始めています。(47)

このように二〇一一年の年頭所信においても原子力発電所の輸出を熱心に説いていたが、フクシマ原発事故はそのわずか二か月半後のことである。しかも、この大惨事のあとも原発輸出の交渉は続き、同年一〇月にベトナムと正式に契約を結ぶこととなった。同年一二月一六日政府はフクシマ原発事故の「収束」を宣言したが、放射性物質による汚染の広がりと健康影響に対する十全な検証もなされぬままでのこの政府対応は、とうてい納得できるものではなかった。

ところで二〇一一年には途上国への原発プラント輸出推進を図るため、「原子力ルネッサンス懇談会」という組織が発足している。発足会議の開かれたのはフクシマ原発事故の二五日前、二月一四日のことである。

懇談会のメンバーには地球温暖化問題の「解決」に熱心な人が多く、その一人茅陽一は財団法人地球環境産業技術研究機構副理事長（当時。二〇一一年一一月の公益法人化に伴い一二月一日に理事長）の肩書きを持ち、従前から原子力政策円卓会議議長、総合資源エネルギー調査会会長などを歴任、原子力発電と地球温暖化問題との合体に腐心してきた人物である。

フクシマ原発事故の一か月前に原子力発電の大々的な推進を掲げ、事故後は地球温暖化問題「解決」のために原子力発電を推進していくというのであるから、地球温暖化対策は巷間いわれているような「地球にやさしい」政策であるとはとてもいえないのである。

原子力発電はクリーンエネルギーか

原子力発電はCO_2を排出しないのでクリーンなエネルギーであると喧伝され、実際そのように思う人が少なくない。しかし、CO_2自体には毒性がないので、CO_2の排出とエネルギー源のクリーンさとは何ら関係がない。

かろうじてCO_2の排出が問題になる場合を想定してみると、大気中CO_2の濃度がかなり急速に地球規模で高まった場合が挙げられるが、それはまさに杞憂である。空気の組成を見てみると、窒素（N）七八％、酸素（O）二一％、アルゴン（Ar）〇・九三％、CO_2〇・〇三六％などであり、この組成が急速に極端に変化することはあり得ない。したがって、大熊由紀子が朝日新聞の連載記事で述べたような「地球は、金星の世界に似た、鉛も溶けるほどの灼熱地獄になる」ことを考える必要はない（「朝日新聞論説委員大熊由紀子の先駆的な原発礼賛記事」八四頁参照）。

仮に地球の温暖化が本当に問題であるとしても、原子力発電は地球温暖化の原因とされるCO_2など温室効果ガスの削減に本当に寄与するのであろうか。実は全く逆で原子力発電は地球の温暖化を緩和させるどころか進行させる。

すでに述べてきたように、原子力発電がCO_2を出さないといわれるのは、発電時において化石燃料を燃焼させず核分裂現象を利用していることを指している。しかし、翻って原子力発電を実際に稼働させるまでには発電所自体の建設や、燃料となる天然ウランの採掘・精錬・濃縮などのほか、諸々の運送等に際しても化石燃料の燃焼に伴う温室効果ガスの発生は避けられないばかりか、それは火力発電よりも多くのCO_2を発生させているともいわれる。

また、原子力発電における熱効率は約三分の一であり、残りの三分の二は排出される。つまり、日本の場合原子力発電所はすべて海岸に設置されているから、冷却に使用された海水は温められて海に捨てられることになる。海外の原子力発電所では河川や湖沼の水を利用することが多いがその場合も河川水を温め、また水は低きに流れ最終的には海に注ぐ。海水温よりも高温の排水（温排水）を大量に垂れ流す原子力発電は、海水温の上昇を促し、生態系の破壊を招くといわねばならない。

原発推進論の破綻はウラン燃料の枯渇の点からもいえる。すなわち、仮に地球温暖化の原因が大気中のCO_2の増加にあり、かつその防止に原子力発電が有効だとしても、天然ウランは一〇〇年程度で枯渇するという予測がある。地下資源の可採埋蔵量は往々にして変動するとはいえ、一〇〇年程度で枯渇が予測されるウランをもとに原発を稼働させ、放射性物質の半減期が何十万年、何百万年にも及ぶ核のごみを出して未来世代に負荷を及ぼすというのが、賢明な選択であるとは到底いえない。原子力発電に充てている財源を再生可能エネルギーの開発にまわすのが順当な選択である。

なお、こうしたウラン燃料の枯渇などを想定して考え出されたのが「核燃料サイクル」である。使用済み核燃料を再処理し、プルトニウムを取り出して再使用するものであるが、このMOX燃料を使用することになっていた福井県敦賀市にある日本原子力研究開発機構の高速増殖炉「もんじゅ」は、事故が多発して稼働のめどすら立っていない。世界的にも「核燃料サイクルは破綻した」との声があり、アメリカなど主要国はすでに開発から撤退している。

「原子力ムラ」と「地球温暖化ムラ」

前章において「原子力ムラ」の実態を見てきたが、地球温暖化問題においても利権にまみれ、情報隠蔽を図る、「地球温暖化ムラ」なる現象が存在する。それは「原子力ムラ」同様さまざまな局面において現れるが、とりわけ地球温暖化問題をめぐる科学者・専門家集団の大政翼賛的な状況に端的に見ることができる。すなわち、地球の温暖化が進行しているという前提のもとで、その原因をCO_2の人為的な排出に求める説（CO_2人為的排出原因説）が無言の圧力となって研究者にのしかかり、意思統一が図られていくという状況である。

大政翼賛的状況はＩＰＣＣを中核とした科学者・専門家集団による「CO_2人為的排出原因説の支配」という国際的な動きに典型的に表れており、環境政策（京都メカニズム）に名を借りてCO_2を売買し、金融資本の拡張に奔走している。ネオリベラリズム政策そのものである京都メカニズム（排出枠取引、共同実施、クリーン開発メカニズム［ＣＤＭ］）は偽りの地球温暖化政策として導入されたものにすぎない。また、この大政翼賛的状況は、環境省付属研究機関による官製研究の支配的優位、ＩＰＣＣへの官僚の参加、ＩＰＣＣ評価報告書への権威づけなど、行政が科学をリードするかのような国内的動きのなかにも見ることができる。今日、CO_2人為的排出原因説に拠る論者たちは、ＣＤＭプロジェクトの「投資技術論」に関する多くの「学術論文」を発表することで、多額の研究費を獲得し大いに潤っているともいわれている。実際、地球温暖化問題（CO_2人為的排出原因説）をテコにして恩恵を受けているとする次のような指摘は少なくない。

地球温暖化はメディア経由で全世界の話題になり、すぐさま日本にも伝わった。話を聞き及んだ環境関係者は大いに喜ぶ。地球全体という巨大スケールの話だから、わかっていない部分も多いし、「仕事」になれば巨費を動かせるテーマだからだ。事実そうなった。関係省庁は財務省から大型予算を獲得して仕事を広げ、環境研究者は大型研究費を得て「わが世の春」を楽しむ。研究論文を量産したり本を出したりして、職を手に入れた人、昇格や昇級につなげた研究者も多いだろう(48)。

まさに「地球温暖化ムラ」である。原子力発電と地球温暖化問題が癒着の度を増すにつれ、「原子力ムラ」のなかの「温暖化ムラ」、「温暖化ムラ」のなかの「原子力ムラ」は渾然一体となり、原子力発電と地球温暖化問題（特にCO_2人為的排出原因説）の利権や情報隠蔽を伴って増殖していったのである。

クライメート（気候）ゲート事件

二〇〇九年、ＩＰＣＣの第三次評価報告書（二〇〇一年）をめぐってあるスキャンダルが渦巻いた。「クライメート（気候）ゲート事件」である。

同年一一月開催のCOP15（コペンハーゲン）の直前、IPCCの活動に深く関わっているイギリス・イーストアングリア大学のコンピューターにハッカーが侵入し、地球温暖化問題の研究者間でやりとりされたメールがネット上に流出した。そのなかに、事実を曲げて「地球温暖化」を捏造したことをうかがわせる内容のメールが含まれていた。関係者間で騒然となり、以後この事件はウォーターゲート事件をもじって「クライメート（気候）ゲート事件」と呼ばれるようになった。日本のメディアはほとんど報道せず、周囲の研究者の間でも「そういう陰謀めいたことは科学とは関係ない」といった態度で沈黙を守る者が多かったが、日本ではそれだけ「温暖化ムラ」の利権確保や情報隠蔽体質が強固であったことの証左であろう。

捏造に利用されたのは、古気候学者マイケル・マンが樹木の年輪などをもとに作成した地球の気候変化に関するグラフ「ホッケー・スティック曲線」である。もともとこのグラフは西暦一〇〇〇年以降の地球の温度を示したもので、そこでは一九〇〇年以降の気温がホッケーのスティックのように直角に近い角度で急上昇している。流出メールは、このグラフが第三次IPCC評価報告書に採用されるに際し、今日のCO_2人為的排出原因説をより強く印象づけるために、何者かによって元データが改竄されたことを示唆するものであった。

メール流出以外にも、二〇一〇年になって、ＩＰＣＣ第四次評価報告書（二〇〇七年）の内容に関して一〇か所余りの疑問点や意図的誇張が発見された。例えば、「ヒマラヤ氷河は二〇三五年までに消滅する可能性が高い」と記述されたが、元情報は「二三五〇年までに」が正しく、誤引用した環境ＮＧＯの記述をＩＰＣＣがそのまま採用していたことがわかった。しかも、採用に際しては「二〇三五年のほうがインパクトがあるから」という理由で執筆者が意図的に取り入れたこともわかり、これは「グレーシャー（氷河）ゲート事件」と呼ばれている。

さらに同じ二〇一〇年には、ＩＰＣＣのパチャウリ議長が地球温暖化問題の研究に関し、排出枠取引業者から報酬をもらっていたという「パチャウリゲート事件」も出来し、ＩＰＣＣをめぐるモラルの崩壊が指摘された。

これらいくつかの「ゲート事件」を総称して「クライメート（気候）ゲート事件」と呼ぶこともあるが、欧米において当初騒然となったこれらの事件も、結局ＩＰＣＣに集う世界の科学者・専門家の利権にまみれた「温暖化ムラ」によって沈静化させられてしまった。

陰謀論を乗り超える

地球温暖化問題と原子力発電の親和性を指摘すると、「それは陰謀論だ」として片づけようとする「科学者」がいる。我々は第1章において「ヒロシマに原発をつくる」というCIAも絡んだ米日の策謀や、企てられた末の「旧浦上天主堂の解体」の背景を見てきた。もし当時において「それらは原爆の悲惨さを和らげようとする米日政府の策謀である」と主張したなら、やはり「それは陰謀論であって科学ではない」と一蹴されたであろう。しかし、それらが歴史的事実となった今日では陰謀論として扱われることはない。

同様に、もし一九五四年当時において、「ヒロシマにおける原発建設の提案は「善なる核」の刷り込みとともに、アメリカの原子力産業による世界的な市場開拓の一環である」と主張したなら、やはり「それは陰謀論であって科学ではない」との託宣が科学者らによって下されたことであろう。しかし、「市場主義」なる言葉が一般化するのは九〇年代になってからであるとしても、五〇年代に始まる原子力産業の世界進出が市場に内在する拡張性に則っていたことは今日では自明の歴史的事実なのである。

さらに加えよう。筆者は第2章において、原爆傷害調査委員会（ＡＢＣＣ）の活動目的が兵士に与える被曝の影響ばかりか、「原爆およびそれに付随して必ずや大きな産業になるであろう原子力産業に従事する労働者に低線量被曝の危険性はないか〔中略〕それをヒロシマ・ナガサキの被爆者を通じて調査する」ためでもあったと述べたが（本書一一一頁）、今なら検証に価するテーマであっても当時は「陰謀論」として一蹴されていたはずだ。第2章で言及した原田正純の「胎児性水俣病」の発見についても（本書一一五頁）、それまでは「母親の胎盤は化学物質を通さない」、ゆえに「有機水銀中毒である水俣病の場合も遺伝することはない」というのが医学界の常識であったのだから、最初は「陰謀論」として扱われていたと言っていいであろう。

今日、地球温暖化政策として行われている国策事業（排出枠取引、共同実施、クリーン開発メカニズム〔＝ＣＤＭ〕、すなわち京都メカニズム）は、地球が温暖化するという偽りの危機感を背景として、市場の活性化を企図して立ち上げられた。それは環境問題の解決に名を借りたネオリベラリズムの策謀として説明しうる。しかし、いまだにそれを「陰謀論」として無視する「科学者」が少なからず存在する。

「科学者」は「陰謀論」を安易に持ち出す傾向が強い。しかし「科学ではない」ことを理由に状況を見誤ると、史実が示す通り、そして何よりも今回のフクシマ原発事故が明らかにしたように、我々と我々の未来世代に取り返しのつかない重大な影響を及ぼすことにもなりうるのである。我々が脱「原子力ムラ」とともに脱「地球温暖化ムラ」について「思考」しなければならない理由はまさにこの点にある。

4 脱原発と脱地球温暖化政策

――なぜ〝脱〟なのか、日本近代の歩みを問う

日本の近代を江戸末期ないし明治からとするなら、今日まで通底している国家政策は「富国強兵」である。アジア太平洋戦争での敗戦までは「富国」と「強兵」は同義であったし、戦後はアメリカの核の傘に入り「強兵」色を薄めることによって「経済」を看板にした「富国」を図ってきた。西洋に倣ってあらゆる面で「近代化」を押し進めた開発志向のその政策は、近代科学技術に裏打ちされたもので、人々を救済せず意図的に見捨てる棄民化政策を伴うものであった。棄民は至るところに現れた。原爆投下後のヒロシマ・ナガサキや、原発の立ち並ぶ辺境の海岸は棄民の町の典型であり、侵略戦争の過程で生まれた棄民は「開拓」労働力として中国や朝鮮半島に駆り出され、食糧難のたびにブラジルなど南米へ渡っていった移民もまた、棄民であった。富国強兵政策は甚大な環境破壊をもたらし、足尾、水俣など

各地で棄民の発生を見たが、二〇一一年の福島第一原発の過酷事故では遂に人々を流浪の民へと追いやり、棄民化政策は極まった。

一方、地球温暖化問題は地球の温度が上昇するといったサイエンスの問題のようでありながら、その実、近代社会のなかに姿を現した社会問題であり、産業革命以降の資本主義とも市場主義とも関わる問題である。気候変化の問題はいつの時代にも存在していたが、産業革命以前においては社会に「埋め込まれていた」がために気づかれなかっただけである。それが今日大きな問題になっているのは、この気候変化の問題が産業革命以降の経済社会、すなわち市場主義社会のなかで「離床し」あるいは「掘り起こされて表出し」、取引のさまざまなシステムに関わりまた材料ともなっているからである。そのような見方からは、いわゆる「地球温暖化政策」は我々の日常生活に資するものでも途上国の人々に生きる活力をもたらすものでもなく、マネー中心のネオリベラリズム政策そのものと位置づけられる。我々はフクシマ原発事故の惨劇を乗り超えるために、日本近代の負の歩みそのものである原子力発電や地球温暖化政策から勇気を持って離脱し、「いのち」の問題を軸に据えた現実的な「思考」のもとで、新しい一歩を踏み出すべきである。

「何もかも変わった」が「何も変わっていない」

「昭和から平成の時代へ」という言葉をよく耳にするが、このような言い方は歴史を的確にワンフレーズでわしづかみにするには不便なところがある。例えば、江戸時代は三〇〇年間全体を指して江戸時代と称しはするが、それをさらに「元禄時代」「田沼意次の時代」「天保の時代」…という呼称で区切って時代の画期を鮮やかに切り取り把握することもできる。それに比べ、一九四五年八月一四日以前と一五日以降を同じ「昭和」で括ってしまうと、時代の画期を正確にすくい取るのが難しくなる。

しかし、戦前と戦後の大きな違いを小さくしてしまうほどに、逆に江戸末期から今日まで一体何が変わったのかという逆説も成り立つ。確かに江戸末期と今日では「戦前・戦後」以上に大きな変化がある。「何もかも変わった」ともいえる。とはいえ、日本の「近代」が始まって以来、常に経済的な富の蓄積のもとで「強い国家」を求め突き進んできたというこの国の姿勢は何ら変わっていない。脱亜入欧を推進し、「非欧米」的なものを排除する政策が行われ、多くの人々を棄民化してきたその歴史は何も変わっていないのである。

しかしながら、「成長」することに価値を置き、「欧米に追い付け追い越せ」をスローガンとする右肩上がりの歳月にもどうやら終止符が打たれたようだ。二〇一一年には近代になって初めて人口が減少するという大きな変化があった（戦時の一九四五年は例外）。成長だけを追い求めてきたという点では江戸末期以来何も変わらなかった日本に、大きな変化が生じたのである。しかも、その年に、東日本大震災とフクシマ原発事故が起きた。成長至上主義――この近代の病ともいうべき強迫観念から我々は抜け出なければならない。「成長」しなければならないという考えから「脱」しようとすることは停滞ではない。

戦後は終わったか

「戦後は終わった」というフレーズが人口に膾炙し出したのは、一九五六（昭和三一）年の『経済白書』に「もはや「戦後」ではない」と書かれてからである。(49) 五六年は経済上のいくつかの指標が戦前の水準に戻り、敗戦後の極端な貧しさから立ち直ることができた年である。しかし、本当に「戦後」は終わったのであろうか。

戦後はいまだに終わっていない。そればかりか、そもそも戦前・戦後という境界さえなかったのではないかとすら思えることがある。原爆と「核の平和利用」に関する次の記事を見ると、今日と一体どこがどう変わったというのであろうか。それは一九四五年八月一六日の朝日新聞に掲載された「輸送手段に革命招來か」という見出しの記事であるが、すでにこの時点で核（原子力）の「平和利用」に対する待望論が展開されているのである。

［チユーリツヒ特電七日発］原子爆彈に関してオツクスフオード大學の或る有名な物理學者は次の如く説明をしてゐる。原子爆彈の爆発体は鉱石から採取したウラニウムでこれはチエツコスロヴアキア、ウラルから產出される、原子爆彈の爆発力は二万噸の爆発薬に相當するが、この破壞力の作用する範圍は遙かに小さく約五百噸の爆薬の作用範圍と同じである、スウエーデンの有名な物理學者ジーグバーン教授は「原子爆彈の実際使用によつて世界に紹介された『原子破壞の技術的完成』は箪に軍事方面のみではなく一般生產にも適應されるもので、これは人類の歷史の新しき時代を劃するものである、原子の力が石油、石炭に取つて代はることも期待される」と述べてゐる、またアメリカの重工業界では今度の原子爆彈の根本原理は今日の生產方法を根本的にくつがへすものとみて居り殊に運送（空中海上陸上の全部）問題の大革命をもたらすとみて居り、石炭、石

油、水の分野を殆ど全部奪ひ取ることになるであろう、例へば自動車もこの新動力を僅かつめただけで数千キロを走破することが出来るやうになるであろうと論じてゐる。(50)

原子爆弾の炸裂による地獄絵図があったからこそ核の「平和利用」へと意識が向いていったという説明は可能であっても、核爆弾によって焦土と化した国土の復興にあたって核の「平和利用」が有効であるといった発想は、核に対する意識が無防備とも放縦とも受け取れ、被爆者追悼と平和への祈願を重ねてきた我々の戦後は一体何だったのだろうかと自問せざるを得ない。

また、フクシマの惨劇はヒロシマ・ナガサキにまで遡らねばならないといわれるが、列島に五〇数基の原子力発電所を作り上げたその源がすでに一九四五年八月一六日にあったということにも驚かずにはいられない。

さらに、右の配信記事を送った記者はヒロシマに原子爆弾が投下された翌日である八月七日にスイス・チューリッヒから打電しているということからすると、掲載記事の内容はすでに八月一五日以前に作られていたのである（ポツダム宣言の受諾をメディアは八月一〇日過ぎには知っていたというのが歴史的事実であり、それと符合する）。つまり、二〇一一年三月一一日のフクシマ原発事故はすでに四五年八月一六日以前（「戦後」以前）に予見されていたということになる。

これらのことからいえるのは、八月一五日に歴史に断絶があったというのは「正史」としては正しいとしても、核に関していえば実は「戦前」も「戦後」もなかったということである。八月一五日以前の原子爆弾製造への陸海軍の執念は八月一六日以後の原子力発電への執心や盲信となって受け継がれたというべきである。この点で、もはや我々にとって一九四五年八月一五日の前と後に断絶や差異を見出せるものは何もない。

いや、もっと広く歴史を見渡せば、「戦前」や「戦後」がなかったということを通り越して、江戸末期に始まった日本の近代は「何も変わることなく」二〇一一年三月一一日までいたずらに時を過ごしてきたと見るべきかもしれない。それは、我々が「近代」に呪縛されていることの異なった謂いであり、近代科学技術によってあわよくば連合国よりも早く原爆をつくり、東洋の辺境「オリエント」から脱し、欧米に追いつき追い越したいという国家意思としての願望だったともいえる。

「近代」

歴史は古代、中世、近世、近代といったように地球全体が足並みを揃えて一律に進んできたのではなく、地域間の接触を伴いながらそれぞれに異なった歩みを形づくってきた。そもそも古代、中世、近世、近代等の言葉自体西洋の概念である。それが地球規模の統一された歴史用語として使用されているのは、近代以降西洋が世界を支配してきたからであり、言語としても西洋のそれが世界標準とされてきたためである。ヒロシマ（HIROSHIMA）・ナガサキ（NAGASAKI）のように、フクシマ原発事故によって福島もフクシマ（FUKUSHIMA）になった。このカタカナ・ローマ字表記は、今回の事故を国際的な問題として認知し合おうとするためのものではあるが（本書もそれに従っている）、一面では、西洋の言語（ここでは英語）がいまだ世界標準であることを物語るものでもある。

仮に原子力発電が二〇一一年三月一一日前と同様今後も稼働し続けるなら新しい社会は訪れないであろう。フクシマ原発事故は我々の信奉してきた文明が、これまでと同じ価値のもとではもうこれ以上進めなくなったことを示しているのである。その文明とはいうまでもなく近代科学技術文明、すなわち西洋の概念である「近代」である。

人類が火を使うことを体得した当初、火は制御のむつかしいものであったに違いない。しかし、火を使うことになった我々の祖先について「なぜ彼らは制御不可能な火の使用を諦めなかったのか」と問わないのは、人類がその制御に成功したという前近代の技術史を知っているからばかりでなく、近代の産物である原子力との比較において火は安全な部類に入ることを知っているからである。例えば原子力（ウランの核反応）によって生み出される放射性物質プルトニウム239の半減期（放射性元素が崩壊によって半分に減るまでの時間）は約二万四〇〇〇年であるが、ひとたびそれが環境に放出されれば、途方もない年月の間未来世代の環境に負荷を与え、現世代ではとうてい責任を負いかねる代物となる。ここでいう環境とは、もちろん人間も含めた地球全体を指す。「近代」は人類が制御できないものをいまだに温存し続けようとしている。

原子力を制御可能なものにしようとする思想が生まれたのはそう遠いことではなく、核爆弾という「製品化」に成功した一九四五年がその最初の年である。その製造元が「自然の征服」を環境思想に持つ西洋（その植民者によって開発・建国されたアメリカ）であったのは何ら不思議なことではない。

以来、その制御性に疑問を抱く科学者を排除しながら、第二次世界大戦後の西洋中心社会は科学技術の進歩に伴う「経済発展」に過剰な自信を持ったことによって、核をも制御可能であるかのような幻想を抱くこととなった。戦後世界を二分した東西両陣営ではあるが、その点ではどちらも同じであった。科学の未来を信じ、その進展のなかで右肩上がりの経済成長を目指してきたのが「近代」という時代であった。

戦後の作家・思想家の誤謬

それでは、「戦後」の混乱期における日本の作家、思想家は、近代科学の産物である核（原子爆弾、原子力発電）に対してどのような考えを持っていたのであろうか。被爆によって一瞬のうちに夥しい人々が犠牲になりさらに日々多くの人たちがのたうち回っていたというその時期に、少なからぬ「近代」の作家、思想家が核の「平和利用」を信じ、同じ核反応による原発を「明るい未来」の象徴として捉えていた。ここでは、荒正人、野間宏、小田切秀雄、大江健三郎の評論・講演録を見るが、いずれも「近代」に対する無邪気ともいえる憧憬、信頼、賞賛が語られており、そのことが日本の戦後に不都合な影響を及ぼして二〇一一年三月一一日にまで至ったと見ることもできる。彼らはみな、戦後日本の文壇のみならず社会的にも多大な影響力を持ち続けてきた人たちなのである。

もっとも、ここで彼らを個人攻撃するつもりは毛頭ない。筆者自身、彼らから多大な正の影響を受けてきた者の一人である。しかし、タブーは許されない。「いのちのための思考」を育み合っていくには、人類を誘惑してやまない「近代」の呪縛からは何としても解き放たれなければならない。その意味で、以下の事実を見逃すわけにはいかないのである。

〈荒正人〉

文芸評論家の荒正人（一九一三〜七九）は敗戦後一年を経たばかりの一九四六年八月、『新生活』誌上に発表した「原子核エネルギイ（火）」という評論において、人類が原子核エネルギーを必ずや支配下に置き、有用なエネルギーとして活用するに至るであろうと、「輝かしい未来」を展望している。ヒロシマ・ナガサキではいまだ巷においてさえ原爆後遺症に苦しむ人たちが核への恐怖に脅え続けていたというその時期に、「星の人工」といった表現でもって核礼賛をしている。今日の読者にしてみれば、現実との甚だしい齟齬と言語感覚の無神経さに激しい違和感を覚えざるを得ない内容だが、近代科学思想をまとった知識人は「何十万人という犠牲者の上にこそ歴史は進む」と考えていたものと推察される。

エンジン、ダイナモ、そしてそのつぎにアトム・エンジンの出現になるかもしれない。もちろん、火薬のエネルギイが、その燃焼を制御できぬため、ダイナマイトとしてしか使われぬように、原子核エネルギイも、エンジンとして利用されぬまでは、まだいくつもの紆余曲折をへなければならぬであろう。だが、幾人かのプロメテウスがかならずやその隘路を突き進んでゆくことであろう。そのとき、人類はどのような展望に立つことであろうか。ゼウスの火を獲得した人間は、やがてその雷霆をも自分の支配の下におくことに成功した。では、原子核エネルギイの発見、創造はどんな意味をもってくるのであろうか。わたくしはそれを星の人工とよびたい。(51)

〈野間宏〉

戦後における全体小説の大家である野間宏（一九一五～九一）は、一九五四年九月、『文学の友』誌上で「水爆と人間―新しい人間の結びつき」のタイトルで次のように述べている。

原水爆を禁止するための署名運動はすすんでいる。東京では杉並区の原水爆禁止署名の協議会で、すでに二十七万の署名をあつめている。それは中野区、世田谷区、武蔵野市にもすすみ、全東京がこの運動に参加しようとしている。原水爆の禁止を決議した地方自治体の数は、三十四県一二九市に及んでいる。［中略］このようなとき、世界最初の原子力発電所がソヴェトで完成されたということは、この人類の立場にこの上ない希望と力をあたえたのだ。発電所は六月二十七日はじめて送電を開始し、原子力を平和的に利用する上に画期的な道をひらいたのである。このニュースが新聞紙上にあらわれたとき、涼しい風が生々と肌にふれたような感じが私たちにおとずれた。未来の空はぐっと一きわ近よったかのように思われた。自由日本放送の解説によると、「この原子力発電所というのは、いままでのように石炭や水力ではなく、ウラニューム原子核の分裂によって、もっとも新たな動力を供給するものなのである。十万キロワットの出力をもつ火力発電所では、毎日数百トンの石炭が必要なのだが、原子力をつかえば、一日二百から二百五十グラムのウラニュームで足りる。ほんの一握りの原料があれば、水力や石炭がなくても、どこでも電気をおこし工業都市を建設することができるのである。それ故に原子力が動力としてつかわれるようになったことは、何万年も前に、火が発見されたのと同じように、動力工業に一大革命をおこすようなできごとなのである」。同じ原子力であるが、一方は人類を滅亡にみちびき、一方は人類の無限の発展に通じる[52]。

これは、一九五四年三月の第五福竜丸被爆事件（ビキニ環礁水爆実験）が起きたのちの原水爆反対署名運動や同年六月にソ連が世界初の原子力発電所を稼働させたことを受けて書かれたものである。ここにおいても、兵器としての核には反対するものの原子力発電に対しては「人類の無限の発展に通じる」と述べているように、日本の知識人が「悪としての原子爆弾」と「善としての原子力発電」とに引き裂かれている様がはっきりと表れている。

野間は一九七九年三月二八日に発生したスリーマイル島原発事故後に「原発モラトリアムを求める会」をつくるが、これには高木仁三郎の働きかけもあったようである。『高木仁三郎著作集第一巻』の「解題」において原子力資料情報室共同代表の西尾漠は次のように書いている。

高木さんは、一方で市民グループとともに「全原発の即時停止」を求める運動を組織し、他方で、いまは共に故人になられた野間宏、小野周両氏を代表として五月二四日に

発足する「原発モラトリアムを求める会」の仕掛けをしていた。(53)

野間が原発礼賛から「転向」したことはわかるが、高木が「「全原発の即時停止」を求める運動を組織」するとともに「原発モラトリアムを求める会」にも関わっていたのに比し、野間のほうは依然として「モラトリアム」の位置のみに拘泥しているのである。この立ち位置は今日の言葉でいえば「脱原発依存志向」とでも言おうか、野間自身過酷な戦争体験を持ち原爆の悲惨さを知っているだけに、戦後において「善としての核」である原子力発電に出会った時の「ときめき」から脱するのはなかなか困難であったのだろう。その「ときめき」とは「近代科学」へのときめきであり、いかに知識人が「近代」から離れるということが困難であるかの例証である。

〈小田切秀雄〉

文芸評論家の小田切秀雄（一九一六〜二〇〇〇）は一九五四年の評論「原子力問題と文学」において、原子力による新しい産業革命に言及している。

原子力の解放そのものは、もしそれが平和的に利用されるなら、人類の富は急激に増大し日本の場合にもこの狭い国土や貧弱な資源の制約は急速に打破される――こういうすばらしい可能性をもっている。〔中略〕かつて産業革命によって生産力が急激に増大したように、原子力による新しい産業革命が発展すれば、二〇世紀後半の人類の富は従来想像することもできなかったような豊富さに達するであろう。

この後は、他著者の論を参考にして次のように続く。

（1）原子力の解放は、動力源の地域的偏在と物質資源のかたよった分布を克服し、自然気象的な障害を解決できよう。すなわち、少量のウラニウム原料や建築資材の輸送をうまくやれば、砂漠や北極圏の不毛地帯でも開発することができるし、（下略）。（2）〔中略〕原子力による発電は、人間の長い夢であった海水から物質を取り出す可能性も生むことになろう。イオン交換樹脂を使えば、地上より豊富で多様な物質を生産できることにもなる。（3）原子核破壊の副産物である放射性分裂物質は、これまで不可能だった技術を可能にし、工学の進歩に決定的な役割を果たすであろう。(54)

核の「平和利用」による開発や発展は新しい産業革命を招来し、人類の富は従来想像することもできなかったような高みに到達するであろう、とするこの評論も「近代」を信奉する典型的な戦後派知識人のものとして捉えることができる。小田切は中野孝次らとともに一九八一〜八二年に出した「文学者反核声明」の中心的人物の一人であるが、この声明においても反核に原子力発電は含まれていない。戦後派知識人と呼ばれる人々は高度経済成長を経た一九八〇年代まで（それは二一世紀に近い！）依然として近代科学技術を信頼し、核の「平和利用」を信奉していたのである。

〈大江健三郎〉

作家大江健三郎（一九三五〜）は一九六八年一月から一二月までほぼ月一回、連続一一回の「連続講演」を行い、同年五月二八日には「核時代への想像力」と題して次のように発言している。

あらためて核爆弾が現実世界におよぼしている巨大な力ということを反省してみますと、たしかにぼくは核開発が人間の新しい生命をあらわしていることはたしかであって、それをまっすぐ引きうけることは必要だと思います。核の新しいエネルギー源は事実、日本人によってもそのように受けとめられています。現に東海村の原子力発電所からの電流はいま市民の場所に流れてきています。それはたしかに新しいエネルギー源を発見したことの結果にちがいない。それは人間の生命の新しい威力をあらわすでしょう。〔中略〕核開発は必要だということについてぼくはまったく賛成です。このエネルギー源を人類の生命の新しい要素にくわえることについて反対したいとは決して思わない。(55)

この文章に表れる「決意表明」だけでも核開発への並々ならぬ熱意が伝わってくるが、大江がこれより三年前に上梓した『ヒロシマ・ノート』では次のように世界の終焉を思わせる核の恐怖を説いており、両者間のギャップには唖然とするしかない。引用するのは『ヒロシマ・ノート』最後から二頁目である。

放射能によって細胞を破壊され、それが遺伝子を左右するとき、明日の人類は、すでに人間でない、なにか異様なものでありうるはずである。それこそが、もっとも暗黒な、もっとも恐しい世界の終焉の光景ではないか。そして広島で二十年前におこなわれたのは、現実に、われわれの文明が、もう人類と呼ぶことのできないまでに血と細胞の荒廃した種族によってしか継承されない、真の世界の終焉の最初の兆候であるかもしれないところの、絶対的な恐怖にみちた大殺戮だったのである。(56)

小説家大江は核というものを「兵器としての原爆」と「発電としての原子力発電」とに切り離して考え、原子力発電を称揚することで原爆の残虐性をより鮮やかに「描ける」と思ったのかもしれない。しかし、そういう見方では説明できないほどのあっけらかんとしたギャップ・矛盾である。一九六八年の「講演」では、原爆も原発も放射能を出し続ける同じ核(nuclear)であるにもかかわらず、「放射能によって細胞を破壊され、それが遺伝子を左右する」という『ヒロシマ・ノート』における肝心な論点がすっぽりと取り外されているのである。こうしたギャップ・矛盾は、原発の「明るい未来」を描いた科学者たちに対する、大江の「想像力」(それはまさに作家としての「いのち」)にも関わる重大な問題であったとはいえまいか。

原発時代の想像力

大江が核開発の必要性について講演した一九六八年の前年には「東京電力福島第一原子力発電所」の建設が始まっており、他の原子力発電所建設予定地でも激しい反対運動が行われていた。例えば、東北電力女川原子力発電所建設予定地の場合は次のような展開であった。

《一九六八年》

1・6　東北電力、原発建設計画を「七一年二月着工、七五年十二月運転開始」と正式発表。

3・　打ち込み式・測量開始。

5・　女川町漁協総会で、安部宗悦氏、原発反対を提起。漁協内に「原発公害汚水対策委員会」を設置。

　女川町に隣接する雄勝町［現、石巻市］、牝鹿町［現、石巻市］へと、反対運動拡がる。

雄勝町雄勝湾漁協、雄勝東部漁協、全員一致で反対決議。

9・雄勝町議会、反対決議。

12・東北電力＝宮城県＝開発公社、土地買収開始。

「女川原発設置反対女川同盟会」結成。(57)

住民が原発に反対したのは、原爆と原発を同一視できる科学的知識があったからというわけでもなければ、必ずしも「近代的」知識があってのことでもない。次は田中角栄のお膝元新潟で同じく一九六八年に始まった東京電力柏崎刈羽原子力発電所反対闘争を記録した社会学者加納実紀代の文章である。

その砂丘地帯に原発の建設計画が明らかになったのは一九六八年だった。［中略］一九六九年三月、柏崎市議会は原発誘致決議をあげる。［中略］「平和利用」だの「産業振興」だのといった美辞麗句に惑わされず、原発の危険性を直感したのは女たちだった。誘致決議当時、荒浜の中学生だった星野美智子さんは、「これで柏崎も発展する」という社会科の教師の話に、「ぜったい違う」と直感的に思ったという。刈羽村赤田北方に住む広瀬むつさん（一九二二年生れ）も、「原子の火ともる」と大喜びするニュースを聞いて、逆に「日本に危険の火がともったと思いましたよ」という。広島・長崎の原爆被害を思い浮かべ、人間が生きていく上でけっしていいものではないと直感したのだそうだ。(58)

大江が原爆と原発を同一視できなかったのは、科学的知識がなかったからではない。原子力発電の危険性や兵器性ばかりか、東西冷戦構造のなかでアメリカが戦略として核の「平和利用」を掲げ、日本の正力や中曽根などが原子力発電を平和の象徴として導入した偽りの歴史について、「知識人」である大江は当然知っていたはずである。また、海外訪問の機会の多さや語学力等の点でも、**nuclear**を「核」と「原子力」とに分けて考えることの不自然さには気づいていていいはずである。しかしながら、大江の文学者としての「想像力」は反対運動の人たちの「想像力」に遙か及ばず、東北女川、越後柏崎刈羽で原発に抗して闘っている人たちの存在を知ってか知らずか、東京（概念としての「中心」）で核開発を称揚する「知識人」として存在していたのである（もちろん東京にはそうでない「知識人」もいた〔後述〕）。

我々は一九六八年当時に大江を超えて原子力発電の問題を「いのち」の問題として「思考」していた人たちがいたということを、そしてそれが我々に「思考」すること（体で考えることを含む）の大切さを教えているということを、改めて知るべきである。彼らの抵抗は、「知識人」に依存せず、自分の頭と体で「思考する」ことの意味を伝えてくれている。フクシマ原発事故を考え続けなければならないのは我々すべての責任においてなのである。

フクシマ原発事故後、大江が脱原発運動の象徴的な存在になっていることはメディアの報道等でもよく知られている。二〇一二年三月一一日に福島県郡山市で開かれた「原発いらない！三・一一福島県民大集会」においても「原発の稼働は将来の人間から人間らしい生活の場を奪う」旨の演説を行っている。『ニューヨーカー』誌への脱原発の寄稿等[59]、海外でも知られた存在であるのはノーベル賞作家ゆえであろうが、しかし「近代」の知識人にとって一九六八年当時の原子力発電はあくまで「輝ける存在」であったのだ。「このエネルギー源を人類の生命の新しい要素にくわえることについて反対したいとは決して思わない」と語ったかつての発言には、何か根本的な「背景」があったのではないかと思わずにはいられない。原子力発電に対する考え方を変えたこと（チェンジ）はよいことである。しかし、この「チェンジ」はどのように説明されるべきなのか。我々は我々自身の「いのちのための思考」を熟成させていくためにも、大江の「背景」にあるであろう「近代」の呪縛性について深く考え、それを乗り超えていかなければならない。

反原発小説

もちろん、一方には反原発、脱原発の小説を書いた作家たちがいたことも忘れてはならない。文芸評論家川村湊は二〇一一年一〇月刊行の『日本原発小説集』（柿谷浩一編）の「解説　原発文学論序説」で次のように述べている。

人間は時として自分たちの手に負えない怪物を作り出してしまうのだ。〔中略〕こうした日本の原子力発電の危険性、怪物性に警鐘を鳴らし続けてきた一群の文学者たちがいた。水上勉、井上光晴、野坂昭如といった作家である。原子科学はもちろん、経済学や工学的な素養や知識とは、一般的には縁がなさそうに見られる小説家たちが、なぜ原発という先端科学や先端テクノロジーの塊のような分野のテーマに、手を伸ばしたのだろうか。一つには、彼らの故郷に対する執着心や、ふるさとの風土に対する愛着の魂といってよいだろう。水上勉は、終生、故郷の若狭を中心とする、裏日本と呼ばれる丹後地方、若狭や敦賀の半島の海と山にこだわり続けた。その故郷の山を切り崩し、海のそばに異形の姿をした原子力発電所が数多く作られたことは、作家にとって痛恨の極みだった。大飯、高浜、美浜、敦賀、まさに〝原発銀座〟と呼ばれる原発多在地域がその故郷に現出したのである。［中略］水上勉の若狭・敦賀、野坂昭如の新潟・柏崎、井上光晴の西海・玄界。辺境であり、貧しく、不毛な土地が広がっているからこそ、そこに原子力発電所が乗り込んでくる。住民たちは、それまでに見たこともない大金に目が眩み、親子や夫婦、恋人や友達や親戚同士が、原発推進派と反対派に分かれ、骨肉の争いを演じ始める。原発立地のまず最初の罪悪は、人々を分裂させ、共同体を崩壊させ、町や村を回復不可能なまでに壊してしまうことなのである。(60)

荒正人、野間宏、小田切秀雄、そして大江健三郎になくて水上勉、井上光晴、野坂昭如にあるものとは何であろうか。前四者は「専門家」（スペシャリスト）を自任し、また自ら「エリート」であり「知識人」であることを隠さなかった。しかし、後三者は「エリート」や「知識人」として見られることには羞恥心があり、「専門家」（スペシャリスト）であることも拒んできた。なぜなら、それらの呼称は近代になって欧米から輸入されたものであり、「ふるさと」を持つ自らの身の丈には合っていないことがわかっていたからである。

彼らの小説の舞台となった若狭・敦賀・新潟・柏崎・西海・玄界の町と人々の生活の変遷が日本の典型的な「近代」社会の変遷の姿である。そして、「共同体を崩壊させ、町や村を回復不可能なまでに壊してしまう」棄民政策の犠牲者は足尾にも水俣にもあった。足尾も水俣も「古河」や「チッソ」という「近代」産業資本によって棄民化された町である。

近代の知識人

戦後思想界の重鎮、進歩的知識人の多くは、進歩することは善であり、それに寄与する科学技術も善であると信じていた。この信仰のもとでは、前に進む者は善として優遇され、進歩に寄与しない「愚かな者」や「弱い者」は棄民となって捨てられる。科学技術を善なるものとするマルクス主義とも重なり合う。

反核・平和運動家森瀧市郎の思想についてはすでにその日記（「原子力平和利用博覧会」についての記述）を通して紹介したが（本書四四頁）、同時期に反核・平和運動に携わった中国史学者の今堀誠二（一九一四〜九二）は、戦後初期の一九五九年に次のように述べている。

一九四五年七月十六日午前五時三十分、ニューメキシコの砂漠で爆発した原爆第一号は、原子力時代の到来を全世界に告げ知らせた。人間が原子力の秘密を解いたということは、自然のすべての秘密を解く可能性と必然性とを、約束するものであった。人工衛星はおろか、太陽を征服することさえ出来る時代となったのである。人間の上に覆いかぶさっていた「自然の束縛」は解き放たれ、人間の力があらゆる自然条件を克服する時期となった。人類前史は今や終り、人類本史が今や始まろうとしていた。分子力時代から原子力時代への飛躍が、人間五十万年の歴史をふみ超えて、「第二の誕生」を実現する上でのテコとなったわけである。(61)

ここには、直輸入された西洋の近代主義や環境思想が披瀝されており、自然と一体となった日本古来の自然観は微塵も見られない。近代科学、そして突き進んでマルクス主義の環境史観が述べられているが、「太陽を征服することさえ出来る時代となったのである」とはいかにも逸脱しすぎであり、スターリン独裁などに見られた、「科学技術は尊重する」が「人命を尊重しない」往時を物語っている。その往時の思想が今日「原子力ムラ」の「学」を中心に跋扈している。それが「原発思想」である。

すでに見たように、一九五〇年代に日本の主要都市を行脚した「原子力平和利用博覧会」に延べ三〇〇万人もの人たちが詰めかけたということからは、人々がいとも簡単に核の「平和利用」に騙される様が見てとれるが、知識人が普通の人にもましてこの「バラ色の未来」に籠絡されてしまった背景には日本の敗戦というものが影響を与えたと考えられる。日本は「近代化」途上の後進国ゆえにとても米英との戦争には勝てない――戦時中にあって知識人はそのように見通していたのであるから、実際日本が戦争に負けた時、それを「近代化」の問題と同一視したのも無理はない。明治以来欧米に追い付きたいとばかり考えてきた日本の知識人はアジア太平洋戦争に反対する一方で、敗戦となればそれはそれ、日本の「近代化」の遅れが問題だとして、その獲得に固執していくのである。

その時彼らは、いまだ達成されていない日本の「近代」が「核」の獲得によってなしうるような錯覚あるいは願望に囚われた。しかし、「核」が近代科学の産物だとしても原子爆弾を肯定するわけにはいかない。そこでその寄る辺となったのが核の「平和利用」であったと見ていいだろう。米日の為政者が提示した核の「平和利用」という言葉に「近代」への光を見出し、原爆と原子力発電は違うものだという詭弁に普通の人たち以上にやすやすと騙されてしまったのである。

いや、騙されたというよりも、アイゼンハワーによって「核の平和利用」なる極めて安易な思想がもたらされた時、多くの知識人はそこに免罪符が如きものを見出したのである。言い換えれば、この思想に寄り添ったとしてものちに糾弾される心配のないことを確認することができたのである。そして、この自己暗示ともいうべき安堵感は徐々に細っていくことはあっても決定的には崩壊せずに、ついに二〇一一年三月一一日を迎えるに至ったのである。

「棄民構造」の重層性

明治時代の代表的な環境問題である足尾鉱毒事件に始まり、その後アジア太平洋戦争を経たのちの昭和の高度経済成長期には、全国各地で数多くの公害問題が社会を揺るがすこととなった。この時代、イタイイタイ病、水俣病、新潟水俣病、四日市ぜんそくといった公害事件がいわゆる四大公害裁判で争われた。江戸末期以来日本は「富国強兵」を国家政策の根本に据え、人々はあらゆる局面で国家に奉仕することを強いられたが、その末に、国家政策に寄与しなくなった者や地域は「使い捨て」同然にされてきた。これらの公害事件は近代日本における「棄民化政策」として見ることができる。

四大公害裁判での勝訴等を経て、近年では空気や水質の汚染は確かに改善された。為政者は環境政策の成果として「蛍やイナゴやカエルが見られるような豊かな自然が戻ってきている」と誇示している。しかし、それをもって「日本には公害がなくなりバラ色の環境社会が訪れた」とするのは正しい認識ではない。

先に見たように一九六八年に始まる東北電力女川原子力発電所反対闘争では「原発公害汚水対策委員会」の設置によって原発も明らかな「公害」と位置づけられ、原発が排出する「汚水」（放射能汚染水や温排水）は水質汚染や海洋汚染の問題として取り上げられた。四大公害裁判以降、公害はいわば原発という「現象」に集約的に表れてきたのであり、原発立地市町村における差別と棄民化は脈々と続いていたのである。そればかりか、雇用が確保されるとはいえそこで働く人たちの低線量被曝の問題は新たな公害と棄民を生み出した。原発においては、ひとたび事故を起こせば人々は流浪の民となる。半世紀も一世紀も故郷を離れ、あるいは生まれながらに故郷を持てず、流浪を重ねなければならない。この点で、二〇一一年は歴史に「大量の棄民が発生した年」として記憶されることにもなったのである。

遡れば、国家歳入に地租が八割以上を占めていた明治初期以来、家督相続制度のもと狭小な田畑は長男だけに相続され、他の者は何処かへ吐き出されてきた。その先が遠くブラジルやハワイの場合もあった。下ってヒロシマ・ナガサキが究極の棄民化に遭遇したのち、日本は原発誘致へと突き進んだ。しかし、高度経済成長期に入らんとする頃に撮影された原発建設前の東北の寒村の写真を見ると、原発誘致後あぶく銭がもたらされたとはいっても、そしてその後結果的に原発事故を招き入れてしまったとはいっても、当時の写真からは貧しさが強く伝わってきて、寒村の状況から抜け出るために原発を選択した人々の決断に、口を差し挟むのははばかれる。棄民はこうした周縁や地域から生まれているのである。

フクシマ原発事故に関していえば、東京電力の原子力発電所はその電力供給管内（首都圏）には一基もなく、遠くフクシマと新潟にあるのみである。東京をはじめとする首都圏の生活はフクシマや新潟の犠牲の上に成り立っている。今日「棄民政策」の視点から捉えられるのはフクシマ原発事故だけではない。米日戦争で「唯一の地上戦」を戦わされた沖縄は、サンフランシスコ講和条約によっても独立を回復することができず、ますます基地化され今日では日本国内にある米軍基地の七割以上が集中する地域として、日常的な騒音や事故のリスクなど解決のつかない問題を数多く背負わされたままである。

しかし、棄民構造は重層的であり、歴史的にも変化してきた。まず、「日本」において最も棄民化されてきた地域と民族は蝦夷であり、アイヌである。もともと北海道、サハリン、千島、カムチャツカなどには大和民族とは違った民族が住んでいた。北海道に住んでいたアイヌを抑圧して民族浄化の如く絶滅寸前まで殺戮した大和民族は、ちょうどアメリカ大陸に住んでいた先住民に対してヨーロッパ人が使ったのと同じ手口で民族浄化を行ったのである。すなわち、アルコール耐性がないことをいいことに酒を飲ませ、不利な契約を強いたり殺害したりすることもあった。

蝦夷地のアイヌを同化していく過程においては東北の大和民族が荷担したであろうが、東北もかつてはアイヌの居住地であった。今日の被抑圧者が或る時代には抑圧者であったこともあるし、その逆のこともあった。このように重層的な抑圧－被抑圧、棄民の構造は沖縄においてさえ存在した。その心理的な表象は「人類館事件」に見ることができる。

「人類館事件」——差別の入れ子状態

明治政府は富国強兵（殖産興業と強兵）政策を押し進める目的で、「内国勧業博覧会」を計五回開催している。一八七七年に第一回目が東京で開催され、以下第二回八一年（東京）、

第三回九〇年（東京）、第四回九五年（京都）、第五回一九〇三年（大阪）と続く。最後の第五回は二〇世紀に入ってからの開催であるが、この大阪博覧会で「人類館事件」という事件が起きた。

「学術人類館」という名称の見世物小屋がつくられ、「見世物」となるような世界の民族を実際に「檻に入れて展示」したのである。それは、近隣国か「日本」において差別されている別の民族、すなわち中国、朝鮮、台湾生蕃（高山族）、アイヌ、琉球、インド、バルガリー（インドの部族）、ジャワなどの人たちであり、中国人と朝鮮人は抗議によって取りやめになったが、今日では考えられない非人道的な民族差別であった。(62) これを一般に「人類館事件」と呼んでいるのであるが、さらに次の琉球新報の報道内容なども含めて「人類館事件」として捉えているのが通例である。

引用は琉球新報主筆、太田朝敷《ちょうふ》による一九〇三年四月七日と四月一一日の社説である。

人類館最初の計畫は支那婦人までも陳列する筈なりしがそは支那公使の異議に依り中止し既に陳列されたる朝鮮婦人に就いては目下韓國志士其撤回運動をしつつあり而して其理由とする所は何れも隣國に対面を恥しむると云うにあり此學外國に對して侮辱なれ

ば同胞に對しても矢張侮辱なり［四月七日］

我輩は日本帝國に斯る冷酷なる貪欲の國民あるを耻つるなり彼等が他府縣に於ける異様の風俗を展陳せずしてとくに台灣の生蕃北海のアイヌ等と共に本縣人を撰みたるは是れ我れを生蕃アイヌ視したるものなり我に對するの侮辱豈これより大なるものあらんや本縣民如何に無神經なると雖も如何に意氣地なしと雖も此侮辱を甘受するものあらんや［四月一一日］(63)

つまり、外国人を差別してはならないのと同様に同胞を差別してはならず、いやしくも琉球人を生蕃やアイヌと一緒にしてもらっては困る、という趣旨である。琉球は生蕃やアイヌより上層であるのだから一緒にされては困るというのである。

このような抑圧－被抑圧関係における階層構造の複雑化は日本だけのことではない。例えば、アメリカにおいて最も鮮明に表れていた（いる）のは白人対黒人である。そして今日ではヒスパニック系やアジア系移民が増加してくることによって複雑化し、さまざまな人種間のそれぞれに、この抑圧－被抑圧関係が見られるというのが実情である。また、近年の日本もそうであるが、抑圧－被抑圧関係は民族・人種対立ばかりではなく、経済的中間層が減少するなかで少数の高額所得者対大多数の低所得者層（あるいは福祉の行き届かない高齢者層）といった構図においても存在する。

なお、人間の「見世物」が博覧会に登場するのは一八八九年のパリ万博からであり、(64)以後「人間の展示」は植民地所有を誇示する「帝国」には欠かせぬイベントになっていくのであるが、これも「近代」の持つ「病」の一つである。

原発輸出先における棄民化——いのちの値段の問題

民主党政権が進める「原子力ルネッサンス」といわれる現象には経済成長の著しい途上国への原発輸出も含まれるが、ここでも右と同様の棄民構造が重層的に表れてくる。すなわち、政府はフクシマ原発事故がいまだ収束していないにもかかわらず早々に「収束宣言」を出し、「日本の繁栄のため」にベトナムとの間で原発プラントの輸出を契約した。これは先進国で扱えなくなった原発を途上国に押しつけるという構図である。しかもこの構図に、ベトナム政府がそのリスクを原発立地の最下層の同朋に背負わせるというもう一つの構図が加わる。「いのち」が保証されないこのような原発輸出はベトナムの人たちの棄民化の何ものでもない。

同様の例が、高レベル放射性廃棄物の最終処分場をモンゴルに造ろうとした米日両政府の居丈高な外交姿勢にも見られる。毎日新聞の報道によると、米日両政府は国内での放射性廃棄物処分場の建設見通しが立たないことから、モンゴル政府に対して原子力発電のノウハウを供与することの見返りに原子力発電所と放射性廃棄物処分場の併設を提案し、交渉もかなり進めていた。モンゴルは広大な国土の割に人口が極端に少なく、原発事故が起きても「慌てなくていい」というのが交渉の発端であったようである。しかし、メディアで報道されるまで当のモンゴルの人たちには知らされていなかったらしく、反対運動が起きてこの計画は中止されたと伝えられている[65]。

なお、原発や放射性廃棄物の「輸出」が輸出先の人々の棄民化を促すのと同じように、採掘の段階から輸入元労働者に被曝のリスクを負わせ続けるウラン（原発燃料のもと）の「輸入」も、輸入元の人々（日本にとっては主にオーストラリアの人々）の棄民化を促すものである。このように原発には「棄民の連鎖」ないし「棄民のサークル」とでもいうべき現象も存在するのである。

モンゴル絡みのこのような「輸出」は、NIMBY《ニンビ》症候群（必要性は認めるが実際自分の裏庭 in my backyard で行われては困る not という心のあり方）が如き例証として捉えうるほど生やさしい問題ではない。確かにＮＩＭＢＹ症候群という言葉は便利であり、原発の建設も、その必要性を認める大都市居住者が電力供給を過疎地に求めたことからして、ＮＩＭＢＹ症候群の一例とする説明は可能であろう。しかし、原子力発電所を造るということは、立地市町村に住む人々ばかりか、最低でもその半径数百キロメートル圏内に住む都市住民にも「いのち」のリスクを押しつけることである。もはやＮＩＭＢＹ症候群的な議論で片づけられるような問題ではない。モンゴルへの「輸出」問題もそのような視角で捉えねばならない。つまりその「輸出」は、米日など「原子力帝国」が途上国の広大な土地とそこに住まう人たちに放射能汚染を強いる、大規模な棄民化政策になりかねない大問題であると捉えねばならない。

いずれにおいても放射性廃棄物の海外処理の問題は「途上国への大規模な公害輸出」にほかならない。日本国内での処理が困難なら途上国に持っていけばいいではないか、その謝礼で途上国も助かるであろうし、原発の稼働によって日本も「電力安定供給」を実現することができる——、こういった主張は途上国を巻き込んで行う環境犯罪、経済犯罪である。

そこには必ず「いのちの値段」の問題が関わっている。しかし、経済学を専門とする科学者の場合、このような犯罪を「経済理論的には正しい」として擁護する例が少なくない。先進国よりも途上国のほうが公害犠牲者への慰謝料等にかかる経費は少なくて済む、だから「人命は途上国のほうが安い」――これが「経済学的には」正しい考えであるとの主張である。実際、かつて世界銀行副総裁職にあった経済学者サマーズまでもこのような議論を展開して問題になったことがある。「途上国」で死んでもらえれば「全体」としては安くて済む、だから「公害企業を途上国に輸出することは経済学的に正しい」という論理である[66]。

もちろんこうした議論は公害の輸出が問題になるたびに、「環境学的」な視点のみならず、「経済学的」にも正しいことではない（先進国－途上国間の相対的損失ばかりを論じ、世界全体の絶対的損失を無視している）ということで決着してきた。にもかかわらず、くり返し同様の問題が起きているというのは、経済学にはどこか根源的な欠陥があるといわざるを得ない。

地球温暖化政策のネオリベラリズム性

以上のような現実（過去も現在も）を知れば知るほど、我々は脱原発とともに脱地球温暖化政策を追求していかねばならないことに気づいていくであろう。

第3章では地球温暖化問題と原子力発電との癒着について一九八〇年代を起点に時系列的に見てきたが、以下ではそこからさらに一〇〇年遡り、「地球温暖化問題」の黎明期について少し触れておきたい。その時代、地球の気候変化はあくまで科学者の「研究」対象であり、決して排出枠取引などの「投資」の対象でも環境問題に名を借りた「経済進出」の対象でもなかった。科学者は地球の温度変化と生物の進化との関係、あるいは地球の温度変化と社会の変化との関係に関心を示し、どのような要因で気温変化が生じるのかについて研究を行っていた。

地球温暖化に関連する現象を初めて指摘したのは、アイルランド人物理学者ティンダルで一八六〇年代のことである。それは、人間活動が大気の組成変化を促し気候の変動をもたらす要因になっているという指摘であった。一八九六年になると、スウェーデン人科学者アレニウスがCO_2濃度の上昇が気温上昇をもたらすと指摘し、両者の関連から地球の気候変化の要因を説明した。その後一九三八年にイギリスの気象学者キャレンダーがCO_2濃度の上昇を実際に観測し発表するのである。

ところが第二次世界大戦の頃から様相が変わってくる。地球の気温は純粋な学問の対象から政治的・軍事的な関心を伴った研究対象へと変化していくのである。しかも、一九四〇年頃から七〇年代後半までは地球の寒冷化が問題視され、食糧減産と飢餓が危惧されるという状況が続いたが、八〇年代になると突如「地球温暖化問題」が浮上し、今日へと至るのである。

今日では、「地球温暖化問題」は同じ「環境問題」でありながら一連の公害問題とは全く異なる様相を見せ、経済、なかでも市場取引との深い関わりのもとに存在している。特異点はその解決策としてとられている京都メカニズム（排出枠取引、共同実施、クリーン開発メカニズム［CDM］）という政策にある。「環境にやさしい」（＝CO^{2}削減）という合言葉を錦の御旗にしたこの政策は、各国・各企業を地球規模の投資へと駆り立て、環境問題の解決に資するどころか、むしろそれとは全く別次元の問題を次々と引き起こしている。投資に関わる不適切な問題は国内でも以前から指摘されており、業者への業務停止命令が出た次のようなケースは氷山の一角にすぎない。

> 消費者庁は［二〇一二年六月］一九日、虚偽の説明で二酸化炭素の排出量［＝枠］取引への投資を募ったとして、訪問販売業＊＊＊に対し、特定商取引法違反（不実の告示）で一年間の業務停止命令を出した。排出量取引をうたう業者への行政処分は初めてとい

う。同庁によると、同社は昨年春頃から「原発の問題もあり、排出量価格は必ず上昇する」などと顧客に虚偽の説明をし、認知症患者や知的障害者ら判断力の乏しい人を勧誘していた。また実際には排出量取引はしておらず、その事実を告げていなかった。[67]（＊＊＊は引用者による削除箇所）

また、地球温暖化政策は途上国経済をも混乱させるマネー中心の取引そのものであり、格差や貧困を拡大して「いのち」の問題を脇に追いやるネオリベラリズム政策そのものである（本書二〇二頁参照）。我々は原子力発電に向けてきた疑いの目を地球温暖化問題にも向けなければならない。両者はグローバルな市場主義経済から生まれた同じ「近代の産物」なのである。「脱原発」とともに「脱地球温暖化政策」を求めていく理由はここにある。

地球温暖化政策のネオリベラリズム性は大きく分けて二つの問題領域からなる。一つは原子力発電との癒着の問題、もう一つは京都メカニズムに代表されるCO_2排出枠（市場）取引の問題である。原子力発電は近代物理学によってつくられた原子爆弾の副産物であり、CO_2排出枠（市場）取引は金融工学によってつくられたデリバティブ（金融派生商品）の特産物である。いずれも「近代科学の産物」なのである。

地球温暖化問題がかまびすしくなったのは一九八〇年代に入ってからであり、このことにも注意を向けなければならない。市場はその内在する増殖欲望によって常に新しい優良な上場商品を求める。第二次世界大戦後の高度経済成長期が終わった時、それまでの地球寒冷化が突如として地球温暖化問題に変わった。CO_2の排出枠が国際条約（京都議定書）によってシステムとして上場され、市場の活性化に貢献することになった。チェルノブイリの大惨事を無きものとするかの如く、「クリーンなエネルギー」（＝原発）がこの流れに並走していったのが八〇年代である。

地球温暖化政策によってCO_2が削減されると言っても、それは市場の拡大のために「人工的」に作り出された取引の上の数字にすぎない。「地球温暖化問題」とは我々の「いのち」の問題とは何ら関わりのない「人工的」に作り出された幻の危機なのである。

「地球温暖化ムラ」の情報操作とカルト社会

人工的に作り出されるからには「操作」が必要であり、そこに関わってくるのが「地球温暖化ムラ」の存在である。フクシマ原発事故後において、我々が地球温暖化問題を検証し直さなければならないのは、地球温暖化問題と原子力発電が雁行し相携えて増殖してきたからである。「原子力ムラ」の情報操作によって原発の「安全神話」が喧伝されてきたのと同様に、「温暖化ムラ」の情報操作によってはCO_2の「悪玉論」(危険神話)が喧伝されてきた。「原子力ムラ」と「温暖化ムラ」に絡め取られたメディアにおいては、CO_2は毒性がないにもかかわらずタチの悪い気体として連日のように報道されてきた。そして、フクシマ原発事故によって原発のウソは認識されたが、CO_2の「悪玉論」(危険神話)はいまだに収まっていない。

CO_2は毒性がないどころか植物の光合成を促進し、植物の繁茂を伴って動物の繁栄を保証する。歴史をひもといてみればわかるように、地球が温暖化し植物が繁茂した時代にこそ諸生産は高まり、文化文明は進展し、人類は繁栄した。多くの文明は地球の温暖期に登場しており、大気中CO_2の増加こそ地球の永続性を約束するものであった。CO_2によって地球が温暖化することを拙速に「問題」視するのは奇異なことなのである。

にもかかわらず、なぜ「問題」視されているのか。そしてなぜCO_2の増加を重要視し削減しなければならなくなったのか。それは、数ある温室効果ガスのなかでもCO_2が地球の大気中に遍く存在するがゆえに上場商品としての適格性を持っているからであり、その売買が市場の活性化に資するからに他ならない。京都議定書に盛られた京都メカニズムはそのためのツールである。近年の「原子力ルネッサンス」も地球温暖化問題がネオリベラリズムと癒着するなかで生じた現象である。

そもそも「地球温暖化問題」なるものが本当に存在するのかさえ疑問である。その検証の一端は前章において示した通りである（「クライメート（気候）ゲート事件」一五〇頁）。実際、一九九二年の国連気候変動枠組条約の採択からすでに二〇年が経過したというのに、毎年世界二〇〇か国近くの批准国によって進められている締約国会議（ＣＯＰ）交渉が進展しているとは言いがたい。「最重要で喫緊の環境問題」と叫ばれていながら、各国の思惑は「経済」をめぐる政治的かけ引きに終始している。「小さな島嶼国は国土が沈んでしまうので地球規模で対策を立てるべきである」との主張は八〇年代から延々となされてきた。しかし、海面下に沈む様子は一向にない。北半球において北上するといわれたマラリアなどの熱帯性感染症が実際に発生したという報告もない。

それでもメディアは危機感を煽る。「ヒマラヤの氷河が溶ける」とか「シベリアの凍土が解けて流れ出し大変なことになっている」とか、それらの予測や印象を地球温暖化問題との文脈で過剰に報道し、最近では雨が降っても風が吹いても雪が降っても、気象変化のことなら何でも「地球温暖化の影響」として伝える傾向にある。「原子力ムラ」と「温暖化ムラ」のマインドコントロールにより人々は「洗脳」され、どんな天候であれ「地球温暖化現象」の一つと考えれば納得するという思考回路を完全に埋め込まされてしまっている。一種の「カルト社会」の様相を呈しているというのが実情である。

実際、「原子力発電はとても危険で人類の手に負える代物ではない」とする「脱原発」論の主張に対して、「人間の手に負えないのは温暖化のほうであり、それを食い止めるためには原発は無くてはならない」という反論が「オウム返し」に返ってくることがある。これも、「地球温暖化は怖い」「原発は地球温暖化を防いでくれる」という刷り込みがカルト的に行き渡っている証左であり、「原子力ムラ」と「温暖化ムラ」が作り出した「カルト社会」の恐ろしい側面である。

「地球温暖化問題」は実はサイエンスの問題以上に、社会的な問題なのである。気候変化はいつの時代にも存在してきた。にもかかわらず一九八〇年代以降に突如として温暖化という気候変化が地球規模で「問題化」したのは、市場中心のグローバル化経済が進展する時代と重なったからであり、大気中のCO_2までもが取引の材料（経済成長の材料）として重用され、その排出枠が市場に「上場」されたからである。それは、いつの時代にも存在していた気候変化の問題が市場の要請で社会の問題として取り扱われるようになったということであり、換言すれば、埋もれていたものが「離床」して近代の市場社会に表れたということである。

脱温暖化政策の重要性

そもそも地球温暖化政策とは、温暖化の原因をCO_2の人為的な排出に求め、これを排出枠(市場)取引によって削減すれば「温暖化」を食い止められるとして、いわば「地球の冷房化」を人為的に企てるようなものである。これは自然に対する冒瀆の何ものでもなく、自然を自在に操れば核をも制御できるかのような所行と同様、近代科学技術に対する盲信によってなされる余りにも軽々しい行いである。

また、地球温暖化政策は、人々を救うどころか、地球規模の投資手段を市場に提供することでいたずらに途上国の経済を混乱させ、そこに住む人々の「いのち」と生活を脅かすといった事態ももたらしている。一例を挙げれば、CO_2を削減するためにガソリンなどの代替燃料として推奨されているバイオエタノールをめぐる問題がある。今日途上国を中心に、貧困によって餓死に至るおそれのある飢餓人口は約一〇億ともいわれる。そうした貧困・飢餓の一因をこのエタノールの生産は作り出している。エタノールの原料はサトウキビやトウモロコシであるが、地球温暖化政策のためにそれらの食料（主食）がエタノール生産に回され、いまや食料価格の高騰によってそれらを口にすることさえできない人々が増えている。人間のいのちよりもCO_2を排出しない燃料のほうが優先されるという「地球温暖化政策」は、まさに「地球温暖化帝国」の様相を呈している。これを形成しているのが「原子力ムラ」ならぬ「温暖化ムラ」の中軸をなすＩＰＣＣなどの科学者・専門家集団であることを忘れてはならない。

さらに、市場取引を前提とする地球温暖化政策は、CO_2排出枠を「右から左に」移し換え巨富を得る者たちを跋扈させる一方で、破産する者や先に見たように悪質な業者に騙される人々を大量に生み出しており、株や債権のマネー・ゲームと何ら変わらぬ様相を呈している。それは「環境政策」という言葉から受ける印象とは遙かに掛け離れた世界である。国家間排出枠取引によって日本がウクライナから三〇〇〇万トン、チェコから四〇〇〇万トンのCO_2排出枠をそれぞれおよそ四〇〇億円、五〇〇億円で購入する契約を結んだりしたこと（二〇〇九年三月）に対しては、税金でこういうことをしていいのかという素朴な感情すら沸いてくる（ウクライナは売却代金を環境対策に充てるという契約であったが、ティモシェンコ首相［当時］は財政逼迫のおり年金支払いに流用した疑いで刑事訴追された。また、チェコのクラウス大統領はCO_2による地球温暖化現象の存在を否定しているが、自国の排出枠のセールスは否定していない）。

政府開発援助（ODA）事業が途上国の人々に必ずしも有益な結果をもたらしてこなかったことはよく知られている。インドネシア・スマトラ島におけるODA事業「コトパンジャンダム」建設においては、地元の建設予定地から強制移住させられた住民たちが自分たちの生活を破壊されたとして東京地方裁判所に原状回復を求めて提訴した（二〇〇二年）。先進国−途上国間で行われているクリーン開発メカニズム（CDM）をはじめとする地球温暖化政策もODAと同じような働きをしている例が多く、現地の人々の生活や身近な産業を破壊しているケースが少なくない[68]。日本は京都議定書の細部を詰めるCOP交渉の場において、途上国での原発建設を地球温暖化政策の一環（CDM）として認証すべきだとさえ提案してきた。人間の制御を超えた原子力発電所の「輸出」が途上国の人たちにどれだけのリスクを背負わせ続けることになるのか、いまや自明である。

地球温暖化問題は「いのち」を守るためではなく、資本主義や市場主義を守るためのものとして取り扱われているのである。我々は「いのち」の問題を軽視する核（原子爆弾・原発）から脱却しなければならないのと同様に、原発と歩みを共にしてきた地球温暖化政策からも脱却しなければならない。原子力発電が人類の未来を照らす輝かしい光であるということも、地球温暖化政策が人類の危機を救うということも、みな近代科学技術への盲信が生んだ虚構にすぎない。

原子力帝国と地球温暖化帝国

環境問題において多用される「地球にやさしい」という言い方は何とも面妖な表現である。実態としてどのようなことを指して「地球にやさしい」と言うのかはっきりしないにもかかわらず、何となくでありながらも、「自然を汚さない」とか「資源を大切に使う」といった「個人対地球」的な発想でそれを理解することが、我々の間では暗黙の了解事項となっている。そして、地球温暖化問題においてこの意味するところを探っていくと、大方「CO_2を出さない」ことが「地球にやさしい」ことなのではないのかという解釈に行き着く。

そのようなとても科学的とはいえないことを唱道しているのが環境科学の世界であり、そこに疑問を差し挟んではならないのが「温暖化ムラ」の掟である。確かめられたわけでもないのに、その「掟」によれば地球は温暖化し、CO_2の人為的な排出がその原因であるとされてきた。一九七〇年代まで地球の寒冷化が懸念されていた際には「地球寒冷化防止政策」はとられなかった。八〇年代になって急に地球の温暖化が問題視されるようになり、地球規模での政策が求められるようになった。原発の推進もその一つであり、市場でCO_2の排出枠を売買することもその一つであった。それらは「地球にやさしく」我々の生活に大いなる恵みをもたらすとして取り入れられた。いまやCO_2を悪玉視しない者は人にあらずと言わんばかりに「地球温暖化問題」が世のなかを闊歩している。これは「地球温暖化帝国主義」である。

ここで想起されるのが、二〇〇三年に民間の温室効果ガス排出枠取引市場を立ち上げたアメリカ人リチャード・サンダーである。サンダーは「金融先物の父」といわれ、一九七〇年代にシカゴ商品取引所（ＣＢＯＴ）に初めて「金利」を上場したことで知られるが、「世界最大の商品は大豆でもトウモロコシでもない。それは空気だ。誰も空気なしには一瞬たりとも生きられない」と語る[69]など、地球温暖化政策に関わる排出枠取引市場の育成に執念を燃やすばかりか、そのネオリベラリズム性には、「誰もそれなしには一瞬たりとも生きられない」

空気の市場取引を通じて人間の支配にまで及ぼうとしている感さえうかがえる。まさに「地球温暖化ムラ」を代表し、「地球温暖化帝国主義」を体現する人物である。

一方、フクシマ原発事故が起きるまで、「原子力ムラ」の科学者たちはCO_2の「危険神話」をふりまきながら原発の「安全神話」を垂れ流し続けてきた。なかには「プルトニウムを飲んでも問題ない」とまで発言していた科学者もいた。まるでセシウムやプルトニウムよりもCO_2のほうが「毒性が強い」と言うに等しい言説である。これは「原子力帝国主義」である。「地球にやさしい」生活をするためにはCO_2を減らすべし――フクシマ原発事故後においてもそう主張し、原発にしがみ続けている人たちがいる。それは、原子力発電と同様、地球温暖化政策にも巨大な利権が絡んでいるからである。原子力帝国主義と地球温暖化帝国主義は、市場に内在する「欲望」から生まれた近代の双生児である。

あとがき

東日本大震災と東京電力福島第一原子力発電所事故から一年と五か月が過ぎようとしている。日々思ってきたことではあるが、大震災と原発事故の惨状はこうして文字で書くことが矮小に思えるほどに厳しいものがある。フクシマ原発事故に関しては「原子力ムラ」や「地球温暖化ムラ」によって隠されていたものが暴かれてきたという印象がある一方で、何が原因でどういう経過をたどってこのような過酷事故が進行したのか、実際、隠蔽されたまま現在に至っている事柄もかなり多いのではないだろうか。

フクシマ原発事故に関しては大きく分けて四つの調査・検証委員会が組織された。しかし、東京電力が設けた社内および社外の「事故調査検証委員会」が真実を報告するとは誰も思っていないし、「福島原発事故独立検証委員会」という名称の民間事故調査委員会が「原子力ムラ」から「独立」しているかどうかは疑問である。また、内閣府に設置された「東京電力福島原子力発電所における事故調査・検証委員会」や国会に設けられた「東京電力福島原子力発電所事故調査委員会」（国会事故調査委員会）の行ってきた「調査・検証」も国民の知りたいことには十分踏み込まず、疑問点を逆に「藪のなか」に押し込んでいるようである。

どの調査委員会も人員や期間の点で困難を強いられたのは事実であろうが、地球規模で大気と海洋を汚染しておきながら、「何がどのように」起こったのかさえ説明できないようでは、事故の犠牲者、被害者は言うに及ばず、国際社会においてさえ何の責任も果たしていないことになるだろう。事故は「収束」してはおらず、調査・検証は今後引き続いて行われるべきである。

特に国会事故調査委員会には次のことを是非ともはっきりとさせてもらいたい。事故当時、東京電力は本当に我々国民を犠牲にして福島第一原子力発電所から「全面撤退」しようとしたのかということである。もしそうならば、今日行われている「再稼働」をめぐる議論以前の大問題が浮上することとなる。「安全第一」や「徹底した危機管理」といったスローガンなど、いざ事故が起これば雲散霧消してしまうことの決定的な前例証拠となるからである。

その点では、東京電力が持っている事故当時のテレビ会議の録画は事実を検証する上で欠かせないものとなる。ところが、国会事故調査委員会にはそれを東京電力に提出させ国民に視聴させる権限があったにもかかわらず、それを怠ってきたのはなぜなのだろうか。高い放射線量の場所があることを理由に調査・検証の限界を述べているが、東電本社内が高線量であるわけでもなく、これではまるで「原子力ムラ」の情報隠蔽体質を彷彿とさせるだけではないか。また、同委員会がフクシマ原発事故を「人災」と断定したことを評価する見解がメディアから発せられたが、フクシマの惨劇が人災であるのは今や当たり前であってことさら強調するまでもないことであり、ここにおいても、肝心な部分にはさわらない「原子力ムラ」の体質を見る思いである。

「原子力ムラ」の面々から真実を聞き出すことは困難な作業かもしれない。それでも調査・検証は今後も引き続き粘り強く行うべきであり、並行して刑事告訴・告発を通じた真相究明にも力を注いでいくべきである。いろいろ問題を起こした検察ではあるが、「巨悪」をくじいて、傷ついた威信を取り戻してほしいものである。東京電力にしろそれに関わった利害関係者にしろ、事故の真相を隠蔽したまま俗にいう「墓場まで持っていこう」と考えているに違いない。しかし、千年余に一度（八六九年の貞観地震以来）の大震災と人々を棄民化し流浪の民へと追いやった原発事故である。「墓場まで」持っていかず、被曝を強いられた人々や未来世代のためにすべて吐き出してほしい。悠久の歴史のなかでの一生は短い。少しでも「あとに続く世代のため」という視点を持ってもらいたい。

また、先の四事故調査・検証委員会のほかにも学会・シンクタンク等がそれぞれの立場から調査・検証を行っているが、関係当事者の方々には「原子力ムラ」からの離脱が試されているという気概で臨んでもらいたい。むろん我々自身の課題は何よりも、「原子力ムラ」と「温暖化ムラ」の悪業を乗り超えて、いかに「いのちのための思考」を守っていけるかにある。

『科学技術白書』（平成二四年版）に科学者への信頼度の調査結果が掲載されている。文部科学省が震災前（二〇一〇年一〇月〜一一月）と震災後（①二〇一一年四月②二〇一一年一〇月〜一一月③二〇一二年一月〜二月）に実施したこの調査結果を比較すると、「科学者の話を信頼出来るか」という問には「信頼できる」および「どちらかというと信頼できる」の合計は震災前の八四・五％に対して、震災後①は四〇・六％、震災後②は六四・二％、震災後③は六六・五％と、震災後①こそ四三・九％下落したが、震災後②では二〇・三％、震災後③では一八・〇％の下落に持ち直している（震災後①は質問形式が他と若干異なる。対象人数も震災前と震災後②③は約一六〇〇人、震災後①は約七五〇人と異なる）(70)。フクシマ原発事故によって人々をちりぢりに追い立て、甚大な環境破壊をもたらし、首都圏の何千万人までもが避難しなければならない事態も考えられたというのに、そしてその責任の大きな部分が、「安全神話」をふりまいた「原子力ムラ」科学者の悪業に起因していたというのに、いまだ六五％前後もの人々が科学者に信頼を寄せているのだから、近代になって誕生した生業である「科学者」「専門家集団」というのは非常に特殊な存在であるとしか言いようがない。

「原子力ムラ」の「学」に限らず、ムラ人のヘプタゴンの面々（政・官・財・学・報・司・労）は、事故後も「のらりくらり」と責任逃れに終始している例が多い。野田佳彦民主党政権は二〇一二年六月一六日、関西電力管内の今夏の電力逼迫を考慮して原発再稼働に踏み切ると発表し、定期検査やその後のストレステストで止まっていた福井県・大飯原子力発電所（三・四号機）の再稼働を認めた。

二〇一一年末に発表したフクシマ原発事故の「収束宣言」も無責任なものであるが、停電を人質に取ったような今回の原発再稼働も、フクシマの原発事故被害者の感情を逆撫でするものでしかない。

その大飯原発で六月二〇日に事故があったが公表されたのは一三時間後であった。「マニュアルでは公表するレベルの事故ではなかった」という弁明もあったが、二〇一二年五月五日に日本の原子力発電が四二年ぶりに全停止してから*最初の再稼働（三号機）になるという特殊事情を考えれば、何とも厳しさに欠けていたといわざるを得ない。

＊日本の原子力発電所が東海原発と敦賀原発一号機の二機のみだった一九七〇年九月、両機とも定期検査に入ったことにより全停止となった。その後は原発数が増えてきたので定期検査によって全停止になることはなかった。

この大飯原発三号機の再稼働（七月一日）により、政府は関西電力管内に対する節電要請をそれまでの一五％から一〇％に緩和した。人々の「節電」や「節約」に対する意識は微妙に後退させられた。それでも地元および全国の市民による再稼働反対、脱原発の声は収まらない。七月一六日、東京の代々木公園で行われた脱原発の市民集会（「さようなら原発　一〇万人集会」）には約一七万人もの人々が参加し、三月頃より毎週金曜日の夕刻に行われてきた首相官邸前デモは今も続けられている。

ヒロシマ・ナガサキの地獄絵図の如き惨状を経験しながら、戦後は原発を「未来を照らす輝かしい光」と言って歓迎し、「ピカドン」なる滋養強壮剤やかぜ薬、「ウラン饅頭」なる菓子まで商品化されていたとなると、恥ずかしながら我々日本人の「品格」さえも問われねばならない気がしてくる。この品格のなさは「地球温暖化問題」に群がる商取引の世界にも横行している。認知症患者などに「絶対儲かるから」と騙してＣＯ$_2$排出枠を売りつけたこと（本書一九五頁）などは、地球の温暖化の真偽とともに、のちのち日本人の品格の問題として例示されることだろう。

一九九五年に発生した阪神淡路大震災とその二か月後に起きたオウム真理教による地下鉄サリン事件、この二つの出来事を大規模自然災害とカルト集団の犯罪という構図として捉えると、東日本大震災に対しては「温暖化ムラ」というカルト集団が立ち現れてくる。真偽の定かでない「地球温暖化問題」の「解決」に奔走する科学者・専門家集団の存在である。

彼らは自らをカルト集団とは思っていないようであるが、冷静な自己分析が必要であろう。一般信者は膨大な数に上り、メディアもそれに加担している。猛暑や暖冬は言うに及ばず、雨が降っても風が吹いても「これも地球温暖化の影響でしょうか」というのが決まり文句になっている。カルト集団の幹部、電力会社の経営陣は言う。「脱原発は人類の生存のためにもできません。地球温暖化を防止しなければなりませんから」と。しかし、思惑は別のところにある。彼らは原発を火力発電に切り替えた場合に原油コストがかさんで赤字決算になることを嫌っているのであり、地球の将来など心配してはいない。問題は多くの人が「地球温暖化問題」という問題が本当に存在していると信じている現実であり、電力会社の経営者の言葉が納得のいくものとして受け入れられている現実である。我々ができることは、まずはこうしたマインドコントロールから抜け出し、自らの「思考」を紡いでいくことである。

環境科学者や環境NGOが「地球温暖化防止」と「脱原発」を同時に主張することは多い。しかし、彼らの意思にかかわらず、「地球温暖化防止」活動を国を挙げての強力な体制・システムとして支えてきたのが原発である。したがって、地球温暖化政策として再生可能エネルギーを普及させ、その方面からのアプローチで脱原発をめざそうとする「良心的な」環境科学者や環境NGOが仮にいたとしても、原子力発電の「兵器性」からして原発推進者が原発の廃棄に応じるとは考えられないのである。

我々は今、「地球温暖化防止」活動そのものの意味を根本から問い直すべき時にきている。実際、二〇一一年あたりから、国立天文台などでは太陽活動の異変を観測しており、地球は寒冷化するのではないかという予測すら出始めている。もし将来、地球温暖化現象のCO_2人為的排出原因説の誤りが認められた場合、地球温暖化防止の主張の結果として原発が推進されてきたことに対して、そしてそれがフクシマ原発事故の惨劇の一因につながったことに対して、我々はそれをどうやって償うというのであろうか。

本書は書名が示すとおり、原子力発電と地球温暖化問題の「ムラ」社会に抗い、そこから「脱」することで、いかに「いのちのための思考」を守っていくかについて筆者の考えるところを述べたものである。出版に際しては「序」に記したとおり企画の段階から山田洋氏にたいへんお世話になった。貴重な助言に対し深謝申し上げる次第である。

二〇一二年八月一日

江澤　誠

関連年表

西　暦	核（核兵器・核発電）と地球温暖化問題
1860年代	アイルランド人物理学者ティンダル、人間活動が「大気の組成変化」と「気候変動」をもたらしていると指摘
1878－	足尾鉱毒事件
1896	スウェーデン人科学者アレニウス、CO_2濃度の上昇が気温上昇をもたらしていると指摘
1924	国際放射線医学会議（ICR）発足、第1回ICR開催
1928	第2回ICR開催、国際X線およびラジウム防護委員会（IXRPC）発足
1938	イギリスの気象学者キャレンダー、CO_2濃度の上昇を観測・発表
1940頃	1970年代後半まで地球の寒冷化現象続く
1942	アメリカ、マンハッタン計画に着手
1945	アメリカ世界初の核実験
	広島・長崎被爆
	第二次世界大戦（アジア太平洋戦争）終結
	朝日新聞、敗戦翌日の紙面で「核の平和利用」を掲載
1946	チャーチル「鉄のカーテン」演説
	荒正人「核の平和利用」を主張
1947	広島と長崎に原爆傷害調査委員会（ABCC）開設
1949	ソ連初の核実験
1950	朝鮮戦争（～1953）
	第6回ICR開催、国際放射線防護委員会（ICRP）に衣替えして再組織
1952	サンフランシスコ講和条約／日米安全保障条約発効
	イギリス初の核実験
1953	アイゼンハワー「アトムズ・フォー・ピース」（核の平和利用）国連演説
1954	第五福竜丸被爆事件（ビキニ環礁水爆実験）
	日本初の原子力予算成立
	ソ連で世界初の商業用原子力発電所稼働
	アメリカ、世界初の原子力潜水艦ノーチラス号進水・就役

西　暦	核（核兵器・核発電）と地球温暖化問題
	広島に原子力発電所建設計画持ち上がる
1955	第１回原水爆禁止世界大会
	原水爆禁止日本協議会（原水協）発足
	イタイイタイ病の発見報道
	東京で原子力平和利用博覧会
	日本で原子力基本法成立
1956	日本で原子力委員会発足
	水俣病の公式発見
	広島で原子力平和利用博覧会
	日本原水爆被害者団体協議会（日本被団協）発足
	イギリスで西側初の原子力発電所稼働
1957	放射線医学総合研究所（放医研）発足
	国際原子力機関（IAEA）発足
	アメリカ初の原子力発電所稼働
1958	旧浦上天主堂廃墟の取り壊し
	広島復興大博覧会
1960	フランス初の核実験
1961	ドイツ初の原子力発電所稼働
1962	キューバ危機
1963	部分的核実験禁止条約、米、ソ、英が締結
1964	フランス初の原子力発電所稼働
	中国初の核実験
1965	原水爆禁止日本国民会議（原水禁）発足
1966	日本初の原子力発電所（東海1号）稼働
1968	核拡散防止条約（NPT)、米・ソ・英・仏・中ほか62か国が調印
1970	NPT 発効
1973	第１次オイルショック
1974	インド核実験、NPT 体制のほころび
	日本で電源三法成立
1975	ABCC、放射線影響研究所（放影研＝ RERF）に改組
1976	朝日新聞、原子力発電肯定の連載記事

西　暦	核（核兵器・核発電）と地球温暖化問題
	根本順吉『氷河期が来る』
1979	第２次オイルショック
	第１回世界気候会議
	スリーマイル島原発事故
1980	スウェーデン、国民投票で原発の段階的廃炉決定
1985	地球温暖化に関しフィラハ会議開催
1986	チェルノブイリ原発事故
1987	地球温暖化に関しベラジオ会議開催
1988	トロント・サミット、地球温暖化に言及
	ハンセン、アメリカ上院エネルギー委員会公聴会で地球温暖化証言
	トロント会議、地球温暖化と原子力発電の有効性に言及
	気候変動に関する政府間パネル（IPCC）創設
1989	日本、『原子力白書』（1988年版）で地球温暖化対策としての原子力発電を謳う
	アルシュ・サミット、地球温暖化防止のため原子力発電の導入を提唱
	ベルリンの壁崩壊
1990	IPCC 第１次評価報告書公表
	第２回世界気候会議
1992	国連気候変動枠組条約採択
	地球サミット（リオ・デ・ジャネイロ）
1996	包括的核実験禁止条約採択
1997	国連気候変動枠組条約第３回締約国会議（京都会議）、京都議定書採択
1998	パキスタン核実験
	日本、地球温暖化対策推進大綱（旧）で原子力発電の推進を謳う
1999	茨城県東海村 JCO 臨界事故
2001	ブッシュ政権、地球温暖化対策として原子力発電の推進を掲げる。原子力ルネッサンスの始まり
2002	ドイツ、シュレーダー政権、脱原発法成立

西　暦	核（核兵器・核発電）と地球温暖化問題
2005	京都議定書発効 日本、原子力政策大綱で地球温暖化政策の推進を謳う IAEA ノーベル平和賞受賞
2006	北朝鮮核実験
2007	IPCC ノーベル平和賞受賞
2008	北海道洞爺湖サミットで途上国への原子力発電所支援表明 日本、「低炭素社会づくり行動計画」策定 第３回世界気候会議
2009	クライメート（気候）ゲート事件
2010	日本の原子力委員会、年頭所信で地球温暖化防止のための原子力発電の推進を謳う
2011	日本の原子力委員会、年頭所信で地球温暖化防止のための原子力発電の輸出を謳う 日本で原子力ルネッサンス懇談会発足 東京電力福島第一原子力発電所事故 ドイツ・スイス・イタリア、脱原発政策を決定
2012	日本の原子力発電42年ぶりに全停止 民主党野田政権、関西電力大飯原発を再稼動 フクシマ原発事故に関して４事故調査委員会が報告書公表

七つ森書館、2002、p.574。
(54) 小田切秀雄「原子力問題と文学」『日本の原爆文学15 評論／エッセイ』ほるぷ出版、1983、pp.189－190。
(55) 大江健三郎『核時代の想像力』新潮社、1970、p.113。
(56) 大江健三郎『ヒロシマ・ノート』岩波書店、1965、pp.185。
(57) 反原発事典編集委員会編『反原発事典Ⅱ［反］原子力文明・篇』現代書館、1979、pp.177－178。
(58) 加納実紀代「反原発運動と女性—柏崎刈羽原発を中心に」『戦後史とジェンダー』インパクト出版会、2005、pp.258－260。
(59) http://peacephilosophy.blogspot.jp/2011/04/oe-kenzaburo-in-new-yorker-history.html（閲覧2012年7月31日）。
(60) 川村湊「解説　原発文学論序説」柿谷浩一編『日本原発小説集』水声社、2011.10.30、pp.241－243。
(61) 今堀誠二『原水爆時代（上）』三一書房、1959、p.246。
(62) 真栄平房昭「人類館事件—近代日本の民族問題と沖縄」石井米雄・山内昌之編『シリーズ国際交流２　日本人と多文化主義』（財）国際文化交流協会、1999、pp.23－35。
(63) 演劇「人類館」上演を実現させたい会編『人類館—封印された扉』アットワークス、2005、pp.417、420。
(64) 吉見俊哉『博覧会の政治学—まなざしの近代』講談社、2010、pp.190－194。
(65)「毎日新聞」2011年５月９日朝刊、１面。
(66) 拙著『地球温暖化問題原論—ネオリベラリズムと専門家集団の誤謬』新評論、2011、pp.101－102。
(67)「読売新聞」2012年６月20日朝刊、34面。
(68) 拙著、前掲書、pp.260－262。
(69)「朝日新聞」2002年１月６日朝刊、１面。
(70) 文部科学省編『科学技術白書　平成24年版』日経印刷、2012.6.21、pp.43－44。

（35）「毎日新聞」2011年９月18日朝刊、１面。
（36）中川保雄『増補 放射線被曝の歴史―アメリカ原爆開発から福島原発事故まで』明石書店、2011.10.20、pp.55～57。
（37）http://www.47news.jp/47topics/e/229942.php（2012年６月３日、共同通信、閲覧2012年７月31日）。
（38）市川定夫『環境学のすすめ―21世紀を生きぬくために（上）』藤原書店、1994、pp.208－209。
（39）『寺田寅彦全随筆集　五』岩波書店、1992、p.614。初出は1935年に『文學』に書かれた「小爆發二件」であり、正確には、「正当に怖がることは中々六かしいことだと思はれた」とある。
（40）「読売新聞」2011年３月16日朝刊、30面。
（41）『高木仁三郎著作集第三巻　脱原発へ歩みだすⅢ』七つ森書館、2003、p.233。
（42）「朝日新聞」1986年11月５日朝刊、４面。
（43）原子力委員会編『原子力白書　昭和63年版』大蔵省印刷局、1989.3.10、p.14。
（44）飯田哲也「フクシマへの道―分岐点は六ヶ所にあった」飯田哲也・佐藤栄佐久・河野太郎『「原子力ムラ」を超えて―ポスト福島のエネルギー政策』NHK 出版、2011.7.30、p.144。
（45）原子力委員会編『原子力白書　平成10年版』大蔵省印刷局、1998、p.65。
（46）原子力委員会のホームページ http://www.aec.go.jp/jicst/NC/iinkai/teirei/siryo2010/siryo01/siryo1.pdf（閲覧2012年７月31日）。
（47）原子力委員会のホームページ http://www.aec.go.jp/jicst/NC/about/kettei/seimei/110111.pdf#search=%27%E5%8E%9F%E5%AD%90%E5%8A%9B%E5%A7%94%E5%93%A1%E4%BC%9A%20%E5%B9%B4%E9%A0%AD%E6%89%80%E4%BF%A1%27（閲覧2012年７月31日）。
（48）伊藤公紀・渡辺正『地球温暖化論のウソとワナ―史上最悪の科学スキャンダル』KK ベストセラーズ、2008、p.29。
（49）経済企画庁編『昭和31年度経済白書』至誠堂、1956、p.42。
（50）「朝日新聞」1945年８月16日、２面、当日の紙面は全部で２頁）。
（51）荒正人「原子核エネルギイ（火）」『日本の原爆文学15 評論／エッセイ』ほるぷ出版、1983、p.36。初出は『新生活』1946年８月号。
（52）野間宏「水爆と人間―新しい人間の結びつき」『日本の原爆文学15 評論／エッセイ』ほるぷ出版、1983、pp.150－152。初出は『文学の友』1954年９月号。
（53）西尾漠「解題」『高木仁三郎著作集第一巻　脱原発へ歩みだすⅠ』

Fy%3D2011%26d%3D0407%26f%3Dnational_0407_087.shtml（閲覧 2012年７月31日）。
(17) 小出五郎「メディアも加わった原子力村の構造」『創』2011年11月号、p.56。
(18) 拙論「原発災害からの復興と責任」『税務経理』2011年４月22日。「「災後社会」は果たして訪れるか—自然の征服と制御からの脱却を」『金融財政ビジネス』2011年５月30日。
(19) 三宅勝久『日本を滅ぼす電力腐敗』新人物往来社、2011.11.9、pp.195－228。
(20) 朝日新聞「新聞と戦争」取材班『新聞と戦争』朝日新聞出版、2008、文庫2011。
(21) 朝日新聞科学部・大熊由紀子『核燃料—探査から廃棄物処理まで』朝日新聞社、1977、p.172。
(22)「朝日新聞」2011年12月28日夕刊、13面。
(23) 根本順吉『氷河期が来る—異常気象が告げる人間の危機』光文社、1976。
(24) 石原萠記『続・戦後日本知識人の発言軌跡』自由社、2009、pp.293－298。
(25) 中田潤「原発推進「世論操作」の腐った歴史」『原発の深い闇２ 別冊宝島』1821号、宝島社、2011.11.15、p.59。
(26) 市川定夫『第二版　環境学—遺伝子破壊から地球規模の破壊まで』藤原書店、1993、pp.225－227。
(27) 志村嘉一郎『東電帝国—その失敗の本質』文藝春秋、2011.6.20、pp.66－73。
(28) 上坂冬子『原発を見に行こう—意アジア八ヵ国の現場を訪ねて』講談社、1996、p.285。
(29) 上坂冬子『アジアエネルギー事情—原子力の現場を行く』講談社文庫、1998、p.4。
(30) 広瀬隆『東京に原発を！—新宿１号炉建設計画』JICC 出版局、1981／集英社、1986。
(31) 吉田康彦『国連改革—「幻想」と「否定論」を超えて』集英社、2003、p.101。
(32) 七沢潔『原発事故を問う—チェルノブイリから、もんじゅへ』岩波書店、1996、pp.131－136。
(33) 大沼安史『世界が見た福島原発災害２—死の灰の下で』緑風出版、2011.11.15、pp.110－111。
(34) 綿貫礼子編、前掲書、pp.109－111。

注

（2011年３月11日以降に出版された書籍については年月日を記した）

（１）Keith Thomas, *Man and the Natural World Changing Attitudes in England 1500-1800*, Penguin Books,1983＝キース・トマス『人間と自然界―近代イギリスにおける自然観の変遷』山内昶監訳、法政大学出版会、1989、pp.209－221。

（２）『世界』2012年5月号、p.205。

（３）田中利幸＆ピーター・カズニック『原発とヒロシマ―「原子力平和利用」の真相』岩波書店、2011.10.7、pp.28－33。

（４）森瀧市郎「序」森瀧市郎・前野良・岩松繁俊・池山重朗『非核未来にむけて―反核運動40年史』績文堂、1985、p.1。

（５）森瀧市郎『核絶対否定への歩み』原水爆禁止広島県協議会、1994、pp.2－6。

（６）矢部史郎『原子力都市』以文社、2010、p.109。

（７）武藤一羊『潜在的核保有と戦後国家―フクシマ地点からの総括』社会評論社、2011.10.30、pp.21－29。

（８）有馬哲夫『原発・正力・CIA』新潮社、2008、p.121。割合の合計については「100パーセントにならないが原文のまま」という注記がある。

（９）田中利幸＆ピーター・カズニック、前掲書、p.48。

（10）高瀬毅『ナガサキ―消えたもう一つの「原爆ドーム」』平凡社、2009。

（11）杉田弘毅『検証 非核の選択―核の現場を追う』岩波書店、2005、pp.132－178。

（12）「河北新報」2008年12月17日朝刊、３面。

（13）ジェイ・マーティン・グールド『低線量内部被爆の脅威―原子炉周辺の健康破壊と疫学的立証の記録』肥田舜太郎ほか訳、緑風出版、2011.4.15、p.13。

（14）同上書、p.30。

（15）綿貫礼子編『放射能汚染が未来世代に及ぼすもの―「科学」を問い、脱原発の思想を紡ぐ』新評論、2012.3.5、pp.108－142。

（16）http://cache.yahoofs.jp/search/cache?c=v6F1AH-xXBIJ&p=%E6%B7%B1%E5%9C%B3+%E5%8E%9F%E7%99%BA%E6%A9%9F%E5%99%A8%E5%B1%95%E7%A4%BA%E4%BC%9A&u=news.searchina.ne.jp%2Fdisp.cgi%3

著者紹介

江澤　誠（えざわ　まこと）

1949（昭和24）年、千葉県大多喜町生まれ。評論家。
同志社大学法学部政治学科卒業、横浜国立大学環境情報学府大学院博士課程修了。環境学博士。
主な著書：『地球温暖化問題原論—ネオリベラリズムと専門家集団の誤謬』（新評論、2011）、『増補新版「京都議定書」再考！—温暖化問題を上場させた“市場主義”条約』（新評論、2005）、『欲望する環境市場—地球温暖化防止条約では地球は救えない』（新評論、2000、前著旧版）、『誰が環境保全費用を負担するのか—地球温暖化防止のシナリオ』（中央経済社、1998）、『21世紀中小企業の発展過程—学習・連携・承継・革新』（共著、同友館、2012）、『成功した後継者たち—中小企業の事業承継対策』（中央経済社、1997）、『小説集 ぽっこん—21世紀文学叢書』（新日本文学会、2002）。
URL　http://www5d.biglobe.ne.jp/~ezawa/
E-mail　ezawa@mvf.biglobe.ne.jp

脱「原子力ムラ」と脱「地球温暖化ムラ」
いのちのための思考へ　（検印廃止）

2012年 9 月25日　初版第 1 刷発行

著　者　江　澤　　誠
発行者　武　市　一　幸

発行所　株式会社　新　評　論

〒169-0051 東京都新宿区西早稲田3-16-28
http://www.shinhyoron.co.jp
T E L 03（3202）7391
F A X 03（3202）5832
振　替 00160-1-113487

定価はカバーに表示してあります
落丁・乱丁本はお取り替えします

装　幀　山田英春
印　刷　フォレスト
製　本　河上製本

ISBN978-4-7948-0914-8
Printed in Japan

新評論の話題の書

江澤誠 **地球温暖化問題原論** ISBN978-4-7948-0840-0	A5　356頁 3780円 〔11〕	【ネオリベラリズムと専門家集団の誤謬】この問題は「気候変化」の問題とは別のところに存在する。市場万能主義とエコファシズムに包囲された京都議定書体制の虚構性を暴く。
江澤誠 〈増補新版〉 **「京都議定書」再考！** ISBN4-7948-0686-8	四六　352頁 3045円 〔05〕	【温暖化問題を上場させた“市場主義”条約】好評『欲望する環境市場』に，市場中心主義の世界の現状を緊急追補。地球環境問題を商品化する市場の暴走とそれを許す各国の思惑。
綿貫礼子編／吉田由布子・二神淑子・Jl.サァキャン **放射能汚染が未来世代に及ぼすもの** ISBN978-4-7948-0894-3	四六　224頁 1890円 〔12〕	【「科学」を問い、脱原発の思想を紡ぐ】落合恵子氏、上野千鶴子氏ほか紹介。女性の視点によるチェルノブイリ25年研究。低線量被曝に対する健康影響過小評価の歴史を検証。
綿貫礼子編 オンデマンド復刻版 **廃炉に向けて** ISBN978-4-7948-9936-1	A5　360頁 4830円 〔87,11〕	【女性にとって原発とは何か】チェルノブイリ事故のその年，女たちは何を議論したか。鶴見和子，浮田久子，北沢洋子，青木やよひ，福武公子，竹中千春，高木仁三郎，市川定夫ほか。
矢部史郎 **放射能を食えというならそんな社会はいらない、ゼロベクレル派宣言** ISBN978-4-7948-0906-3	四六　212頁 1890円 〔12〕	「拒否の思想」と私たちの運動の未来。「放射能拡散問題」を思想･科学･歴史的射程で捉え、フクシマ後の人間像と世界像を彫琢する刺激にみちた問答。聞き手・序文＝池上善彦。
関満博 **東日本大震災と地域産業Ⅰ** ISBN978-4-7948-0887-5	A5　296頁 2940円 〔11〕	【2011.3～10.1／人びとの「現場」から】茨城・岩手・宮城・福島各地の「現場」に，復旧・復興への希望と思いを聴きとる。20世紀後半型経済発展モデルとは異質な成熟社会に向けて！
B.ラトゥール／川村久美子訳・解題 **虚構の「近代」** ISBN978-4-7948-0759-5	A5　328頁 3360円 〔08〕	【科学人類学は警告する】解決不能な問題を増殖させた近代人の自己認識の虚構性とは。自然科学と人文・社会科学をつなぐ現代最高の座標軸。世界27ヶ国が続々と翻訳出版。
W.ザックス／川村久美子・村井章子訳 **地球文明の未来学** ISBN4-7948-0588-8	A5　324頁 3360円 〔03〕	【脱開発へのシナリオと私たちの実践】効率から充足へ。開発神話に基づくハイテク環境保全を鋭く批判！先進国の消費活動自体を問い直す社会的想像力へ向けた文明変革の論理。
J.ブリクモン／N.チョムスキー緒言／菊地昌実訳 **人道的帝国主義** ISBN978-4-7948-0871-4	四六　310頁 3360円 〔11〕	【民主国家アメリカの偽善と反戦平和運動の実像】人権擁護、保護する責任、テロとの戦い…戦争正当化イデオロギーは誰によってどのように生産されてきたか。欺瞞の根源に迫る。
中野憲志 **日米同盟という欺瞞、日米安保という虚構** ISBN978-4-7948-0851-6	四六　320頁 3045円 〔10〕	吉田内閣から菅内閣までの安保再編の変遷を辿り，「平和と安全」の論理を攪乱してきた“条約”と“同盟”の正体を暴く。「安保と在日米軍を永遠の存在にしてはならない！」

価格税込